U0182375

Looking at Cities

Allan B.Jacobs

[美] 阿兰·B·雅各布斯 著

观察城市

王璐 汤颖颐 译

large housing development

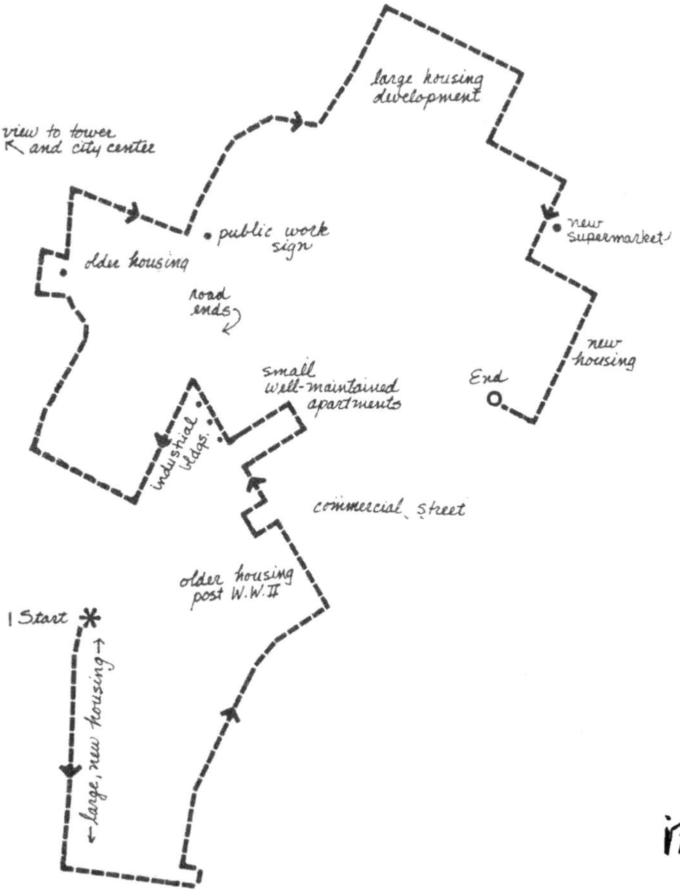

view to tower and city center

older housing

public work sign

road ends

new supermarket

new housing

small well-maintained apartments

End

industrial bldgs.

commercial street

older housing post W.W.II

Start

large, new housing

清华大学出版社
北京

北京市版权局著作权合同登记号　　图字：01-2018-3296

图书在版编目（CIP）数据

观察城市 /（美）阿兰·B.雅各布斯（Allan B. Jacobs）著；王璐，汤颖颐译.
— 北京：清华大学出版社，2021.11
　　ISBN 978-7-302-59251-8

　　Ⅰ.①观… Ⅱ.①阿… ②王… ③汤… Ⅲ.①城市规划—建筑设计—研究
Ⅳ.①TU984

中国版本图书馆CIP数据核字（2021）第198400号

责任编辑：徐　颖　张　阳
封面设计：吴丹娜
版式设计：谢晓翠
责任校对：王荣静
责任印制：杨　艳

出版发行：清华大学出版社
　　　　　网　　址：http://www.tup.com.cn，　http://www.wqbook.com
　　　　　地　　址：北京清华大学学研大厦A座　　邮　　编：100084
　　　　　社总机：010-62770175　　　　　　　邮　　购：010-62786544
　　　　　投稿与读者服务：010-62776969，c-service@tup.tsinghua.edu.cn
　　　　　质量反馈：010-62772015，zhiliang@tup.tsinghua.edu.cn
印装者：三河市东方印刷有限公司
经　销：全国新华书店
开　本：154mm×230mm　　　印　张：12　　　字　数：172千字
版　次：2021年11月第1版　　　印　次：2021年11月第1次印刷
定　价：99.00元

产品编号：075135-01

谨以此书纪念我的母亲贝丝（Bess）

并献给希（Hy）、弗雷达（Freda）、

艾米（Amy）、马修（Matthew）和珍妮特（Janet）

| 译者序 |

　　在二十年的城市设计教学和研究工作中，我发现要教会学生们如何调研、如何更深刻地去理解城市，并不是一件容易的事情。

　　2015—2016年间，我作为访问学者在美国加州大学伯克利分校城市与区域规划系进行学术研究和交流，当时有一门研究生的选修课，就是系统地传授如何观察城市。整个学期都是在室外进行授课，每次在旧金山选择不同街区进行步行和观察，教授边走边讲边和学生讨论，我当时也有幸经常跟随旁听。教授曾告诉学生们，观察城市要像一位侦探那样敏锐地去发现各种线索，并且将其进行筛选和关联，才能理解现象背后的原因。这样细致而有趣的观察和分析城市的思维方式，让我深受触动和启发。这门课程的阅读清单中有一本叫《观察城市》的书，当我还未读完时，已有相见恨晚之感。书中详细地记录了20世纪80年代雅各布斯（Jacobs）教授在伯克利开设的室外观察课，它实际上正是这门选修课的前身。除旧金山以外，书中还展现了博洛尼亚、罗马等城市的案例，以及更多富有逻辑的思考和分析。此外，书中还详细记录了课程中学生的各种质疑和挑战，以及作者对具体的调研方法，甚至注意事项的总结。无论是对学生、教师还是实践者而言，这本书的价值无疑都是极大的，从找寻线索到探索未知，它为我们观察和理解城市提供了清晰的架构与方法。虽然书中的社会文化背景和规划政策与我们所熟悉的不尽相同，但并不影响我们学习和运用这些方法。

　　2017年，《观察城市》的翻译工作正式开始，我有机会再次细读这本书，发现它确与一般同类的著作或学术论文有着极大的不同。一方面，作者描述的都是最习以为常的生活场景，却能抽丝剥茧，层层剖析出人们的生活状态、城市规划的政策，乃至区域的发展趋势。从而将"观察"这个看似最简单不过的调研方法，解析得足够深入、清晰和易懂，这是此书最打动我的地方。即使是非专业人士，读起来也会倍感轻松。另一方面，《观察城市》记录的是雅各布斯教授带领学生们观察城市的过程，作者以边走边思考的叙事方式实现了文字上的轻松和自由，这种循循善诱式的娓娓道来，让读者更有身临其境之感。同时，这也恰恰是翻译工作的难点与挑战。翻译力求尽量还原这样的叙事方式，则需要通过对作者思维的深刻理解、对细节上的反复揣摩和推敲，方能准确转译。翻译一本易读的英文著作，是我们的初心。

特别感谢另一位译者汤颖颐，她深厚的英文功底和一丝不苟的精神，为此书的翻译奠定了尤为坚实的基础。我们花费了两年的时间，各自完成全书翻译、再分别进行对稿，最终讨论确定终稿，所有的努力都源于对专业的执着和对这本经典著作的敬畏之心。特别感谢清华大学出版社的张阳编辑，她的严谨和专业，为最后阶段高质量的校对和审核做出了重要贡献。此外，感谢我的两位研究生——孙润中、杜尉鹏，他们为图片扫描和文字整理提供了高效的帮助；感谢身在美国的叶颖校友，对我的疑问总是给予耐心、及时的回复。这本书的出版凝结了所有参与者的心血，感恩感谢。

《观察城市》写于三十多年前，但这些方法在今天看来仍相当经典。中文版时至今日才得以问世，犹未为晚，希望能让更多的专业人士、普通市民或是政府决策者从中获益，尝试从更深刻的角度去理解看似平常的城市现象和城市生活。当然，相比书中提及的线索，要真正理解中国城市的许多问题，恐怕还需要从不同的角度去分析和甄别。不过，能掌握对的方法，就是好的开始！

让我们一同开启城市的侦探之旅吧……

王　璐

2021年4月写于华园建筑红楼

致谢

首先，感谢学生们促成了这本书的出版。1975年春季，丽莎·史密斯（Liza Smith）带来的一群学生，请我带他们去参观旧金山（San Francisco）。我当时觉得这个请求有点儿奇怪，城市区域规划专业的学生通常不是已经花了很多时间在城市里行走、观察、思考，去体验和欣赏各类不同的城市了吗？旧金山，只不过横跨了海湾而已，不就是跟北美大陆上的其他城市一样是一个城市范例吗？虽然我不认为自己是一个向导，但我还是带他们游览了旧金山，一起享受了漫长而愉快的下午时光。我们所到之处大部分都与重要问题或大型项目有关，或者这些地方正处于变迁过程之中。我们讨论了那些在更新过程中显得颇为脆弱的区域，并基于所观察到的现状去探讨那些区域的发展前景。

其中三位学生请求我在下一年专门开设一门实验课，教他们如何去观察城市。我当时并不十分情愿，因为这看起来并不是常规的学术活动，但最终我还是开设了这门课。也正是从这个时候开始，学生们参与到本书的撰写工作中。这几年间，学生们针对具体的环境线索完成了不少论文，对多个社区进行了案例分析，并学习了其他专业的实地调研方法。就如同我不断地去质疑和挑战他们的研究成果一样，他们也对我的工作提出了不少质疑和挑战。

百余名学生参与了这本书的撰写工作，由于篇幅所限我不能一一记述他们的名字，但我要对他们所给予的帮助表示衷心的感谢。对于他们当中的五位，我需要特别提出感谢。查理·拜恩（Chalie Bryant）在早期帮我统筹组织了整个工作。他还与茱莉亚·库德（Julia Gould）一起做了一项非常了不起的研究，他们通过一系列的观察对族群边界进行了分析。茱莉亚到各个图书馆收集了相关的文献资料，并与珍妮特·林斯（Janet Linse）一起进行了多次实地调研。珍妮特、莱斯莉·库德（Leslie Gould）、特里·奥哈拉（Terry O'Hare）和我一起承担了大量的个案研究并协助发表了相关成果。特里为出现在本书里的城市案例提供了地图。卡拉·塞德曼（Cara Seiderman）校对并拟定了索引。

莱斯莉·库德从头到尾参与了本书整个撰写过程的各个环节，包括大纲、工作计划、案例分析以及研究。她审阅和编辑了每一版草稿。她对于本书所做的富有创造性的贡献，多得不能尽数。这五年来，她一直是鼓舞人心的知己和亲密无间的朋友。

事实证明，所有的案例研究（包括在此处所提的案例）都比我预想的还要有价值得多。完成这些案例研究需要足够的时间、耐心以及当地专业人士的帮助。帕特里夏·哥伦比亚（Patricia Columbe）负责审阅了对圣何塞的内格立公园（Naglee Park, San Jose）的研究。拉尔夫·博尔顿（Ralph Bolton）、马丁·格里塞尔（Martin Griesel）、艾普丽尔·拉斯基（April Laskey）、丹·楞次（Dan Lenz）以及查理斯·洛雷（Charles Lohre）几位同学审阅了辛辛那提市（Cincinnati）的案例研究并提出宝贵意见。在意大利（Italy）进行研究的时候，有很多人始终和我在一起，帮助我、指导我，他们是博洛尼亚（Bologna）的杰赛普·坎波斯·韦努蒂（Giuseppe Campos Venuti）、罗马（Rome）的毛里齐奥·马尔切洛尼（Maurizio Marcelloni）和洛伦佐·布鲁诺（Lorenzo Bruno），还有米兰（Milan）的圭多·马丁诺蒂（Guido Martinotti）和阿道夫·卡尔韦利（Adolfo Carvelli）。若没有他们，有关意大利的章节内容不可能完成。来自其他城市的审稿人有：亚伯特省卡尔加里市（Calgary, Alberta）的詹姆士·麦凯勒（James McKellar）、弗吉尼亚州夏洛茨维尔市（Charlottesville, Virginia）的耶鲁·罗宾（Yale Rabin）和沃伦·伯申斯坦（Warren Boeschenstein）、里士满（Richmond）的莎莉·威廉姆斯（Sally Williams）和霍华德·詹宁斯（Howard Jennings）、东帕罗奥图（East Palo Alto）的马丁·博特（Martin Boat）和厄尼·韦瓦卡斯（Ernie Vivakis）、奥克兰（Oakland）的克里斯托弗·巴克利（Christopher Buckley）、萨克拉门托（Sacramento）的黛安娜·A.杰克逊（Dianne A. Jackson）、莫德斯托（Modesto）的乔治·奥斯勒（George Osner）和威廉姆·尼克尔斯（William Nichols）以及旧金山的夏娜·斯塔藤（Charna Staten）。我和同事们对其中的许多人进行了访谈，他们的意见很具有启发性。例如哈维·萨伦斯博士（Dr. Harvey Salans）曾经对于医学诊断部分非常诗意地提出了建议。

经济资助和为本书所花费的时间来自多方支持。加利福尼亚大学（University of California）奖励给我研究基金，并以学术休假的形式给我提供了所需的时间。古根海姆基金会（Guggenheim fellowship）为我前往意大利进行研究、撰写和案例分析提供了经济资助和额外的时间。在苏菲·康萨格拉（Sophie Consagra）的帮助下，我有幸在罗马美国学院（American Academy）和位于瑞士阿尼奥（Agno, Switzerland）的道夫·施奈伯故居（Dolf Schnebli's home）这些极好的场所里进行工作。比尔（Bill）和玛丽·珍·布灵顿（Mary Jane Brinton）一如既往，无条件地为我提供经济资助。还有城市与区域规划研究所在本书手稿的阶段提供了慷慨的帮助。

鲍勃·卡伊纳（Bob Cajina）和加州大学伯克利分校城市与区域规划系（Department of City and Regional Planning at Berkeley）的教职人员一直非常支持我，让我完成了自己想要做的全部工作。玛丽·吉兹迪克（Mary Gizdich）和康斯坦·麦克利（Constance McCurry）参与了早期某些章节的草稿撰写工作。城市与区域规划研究所（Institute of Urban and Regional Development）的内内·奥赫达（Nene Ojeda）至少三次帮助我输入手稿，他性格幽默而且行动迅速，给了我极大的帮助。

很多专业人士以及同事先行阅读了本书的所有或部分章节，并提出了宝贵意见。杰克·肯特（Jack Kent）是一位积极正面、观点犀利的评论家，他阅读了早期的几版手稿并提出了意见。曼纽尔·卡斯泰尔（Manuel Castells）和彼特·霍尔（Peter Hall）则针对整本书给了我许多建议。马克·巴尔达萨莱（Mark Baldassare）、巴里·乔科韦（Barry Checkoway）、约翰·克利肯（John Kriken）、汤姆·埃达拉（Tom Aidala）还有麦克·泰茨（Mike Teitz）几位学者审阅了本书的部分章节。还有唐纳德·埃普亚德（Donald Appleyard）曾在离世前与我一起讨论了本书两三次。所有这些学者，无论他们是单独还是一起对本书进行的审阅，都对本书的改进起到很大作用。

艾米·雅各布斯（Amy Jacobs）是一位很特别的顾问。她一次次地对我所要表达的内容背后的逻辑提出疑问，并强调语言必须通俗易懂。她促使我更认真地去思考观察的本质，以及通过观察我们能够学到些什么。我对她的帮助感激不尽。

C目录
ONTENTS

第1章 开始观察 001

第2章 观察和解读内格立公园（Naglee Park） 017

第3章 线索 039

建筑 041

土地与景观 062

建筑和土地的用途 065

特殊用途的建筑 069

装饰陈设 070

人 078

商业区 079

公共环境 089

街道形态和布局 094

建筑布局 099

地形 101

城市区域内的地点 103

结论 104

第4章 观察和解读东胡桃山（East Walnut Hills） 109

第5章 观察变化 129

区域之间的变化 130

区域内的变化 132

多大的变化才算显著? 134

变化的周期 135

变化的方向 135

易损性 136

针对变化的提问 139

第6章 发现未知 141

了解罗马的泰斯塔乔(Testaccio) 143

不太了解的罗马台伯提那(Tiburtina) 149

了解多一点:博洛尼亚(Bologna) 155

用事实检验推测 165

从未知中学习 168

第7章 回顾 171

第 1 章

开始观察

在所有的案例研究中，我尝
试按照顺序依次描述观察者
观察到的事物，虽然我很清
楚这并不一定都能办到。这
个过程是将那些被认为可能
很重要的视觉印象整合在一
起的一种尝试，这些视觉印象
暗示了观察者的初步判断，
以及通过"如何才能更好地
以读者可能理解的方式来与
他们沟通"而进行的筛选。

　　通过观察，人们对一个城市能有很多了解。
1981 年年末，我在中国唐山参观一个新的住宅开发
项目时，发现许多建筑首层的窗户和门廊处都安装
了临时的铁栏杆和格栅。我告诉我的中国同行，在
美国那些栏杆意味着存在治安问题，他说在中国也
是类似的情况。

　　让我们简要地回想一下，当我们走过旧金山
（San Francisco）街区一些街道时能看到什么，我
们能够发现什么。一座方正的三层木结构建筑坐
落在钻石大街（Diamond Street）和第 24 街（24th
Street）交界处的西北角，外面刷的黄褐色漆已经不
那么新了。[1] 尽管它很明显不是旧金山维多利亚风格
（San Francisco's Victorians）的房子，但有些细节
还是体现出维多利亚风格的味道。它可能建于 19 世
纪末 20 世纪初或 20 世纪 20 年代。楼梯通往二楼的
门廊，门廊上有两个入口，门牌号为 748 和 750，
说明这里应该有两个居住单元。建筑的主体部分从
人行道向后退缩了一些，不过在原有建筑主体上加
建的一小部分又延伸到人行道边线上。窗户上写着
"旧金山神秘书屋"（San Francisco Mystery Book
Store）。书屋窗户上方刷的黄褐色漆清晰勾勒出
早前被覆盖掉的旧招牌的痕迹。那些痕迹让人回想
起曾经熟悉的标识之一——也许是牧场金色奶制品
（Meadow Gold dairy products）？也许这里曾是个
夫妻杂货店。

　　建筑最高一层的窗户是木窗框的双悬窗，上半
部被分为三格。这有可能就是房子原有的窗。第二
层的窗户是更新一点的铝制竖铰链窗。铝材上的凹
痕说明这些窗已经被使用很长一段时间了。

　　窗框上的黄褐色涂料有点不寻常，这吸引了我

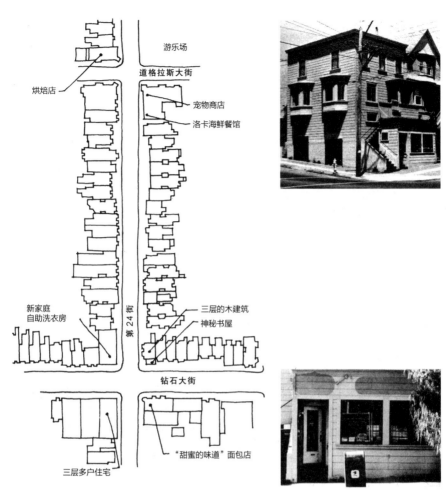

们的注意力。走近一点看，在一个窗角处的涂料已经开裂、剥落，可以看到涂料涂得非常厚，里头还混着一些细沙砾。这是我们在广告上见过的、由大型油漆公司制造的那种涂料。广告宣称这种新型涂料比普通涂料厚 20 倍，能保持很长时间，无须花费高昂的费用进行定期喷涂。他们还承诺，这种涂料能密封渗透、有自洁功能、不会开裂、质量有保证，并提供先试用再付款的优惠政策。过去，广告商也曾用类似的手法来宣传石棉瓦、人造石和铝墙板。然而我们看到的是这种涂料有开裂和剥落的现象。为什么人们还要买这种材料？他们可能觉得新的涂料或墙板比旧的质量更好或更好看。或许是广告许诺的前景吸引人，又或许是他们不想每隔上 5 年左右就把钱全用去重涂一层新外墙漆。通常大公司在销售这类产品时会提供长达数年的小额月供支付计划，对于现金短缺的人来说，

可能还是有吸引力的。但是现在漆面上已经出现裂缝了。那些当初承诺保证产品质量的人在哪儿呢？水从这些裂缝渗进去会发生什么事情呢？

我们沿着钻石大街继续往前走，随即看到的四栋相连的房子外观相似，但并不是常见的建筑风格；接下来是两栋小型的维多利亚风格建筑；然后跟着的两栋建筑与刚才那四栋的风格类似；最后的一栋是在拐角处大一点的、带点意大利维多利亚风格（Italianate Victorian）的建筑。这种序列说明这条大街的开发建设跨越了一定的年月，可能从 20 世纪初之前就已经开始了，一直到 20 世纪的头十几年为止，由若干个小建造商承建完成。

当我们把这些房子逐一进行比较，就会发现原有结构的改变是显而易见的。我们看到在四栋房子的其中一栋上铺设了石棉墙板，因此一些细节装饰部件被去掉了；有两栋房子加装了车库；有两栋房子最近重新喷涂过。四栋房屋的屋顶看起来都状况良好，瓦片也铺得平整。这四栋房子都是独户住宅，从街上就可以看到的独立电表和门牌号可以证明这一点。

所有房屋的正立面步测约 25 英尺[①]宽，根据拐角处的步测，侧面长度大约是 33 英尺。两层楼占地约 825 平方英尺[②]，面积并不大。这些是工薪阶层、

① 1英尺＝0.304 8米，25英尺＝7.62米。——译者
② 1平方英尺＝0.092 903 04平方米，825平方英尺≈76.64平方米。——译者

蓝领阶层、中等或中低收入家庭的住宅吧？

　　回到第 24 街和钻石大街的交叉口，西南角是"新家庭自助洗衣房"（New Family Laundromat）。还有一块旧招牌显示这里早些时候曾有个"自助洗衣店"（Washateria），一块更老的招牌显示这里曾是"钻石大街烘焙店"（Diamond Bakery）。透过这栋简单的两层灰泥建筑的二层窗户，我们见到一位头发花白的老人，看起来大约六十多岁，他正站起来关掉了电视机。钻石大街洗衣房隔壁的两层建筑里曾经有过商铺，大玻璃橱窗后面的白色窗帘和百叶窗说明现在有人住在这里。雷恩超市（Len's Super Market）就在隔壁建筑的首层，看起来是个典型的夫妻杂货店。

　　站在十字路口的人们大部分看起来都接近六七十岁，许多人头发或灰或白。有些人拿着小袋子在公交站等车。他们衣着更注重功能而非时髦的风格样式：直身的羊毛大衣、衣领样式简单、深色的双面针织宽松长裤。其中一两个人戴着帽子。一位女士穿着铁锈红色外套和颜色相当鲜亮的红色长裤。

　　在第三个街角，四五个姑娘在"甜蜜的味道——纯天然烘焙"的面包店（Taste of Honey—Natural Bakery）（里面传出香甜的味道，招牌的字体颇有艺术感）进进出出。这些女孩子是离开学校，然后到这里来吃午餐的吧？沿着钻石大街，面包店的隔壁是一家新店——"婶婶家的意大利面"（Auntie Pasta），它很快就要开张了。当公共巴士经过的时候，十字路口非常嘈杂。一个小男孩骑着趴地式的塑料三轮脚踏车。除了一位亚裔女孩（非中国人）之外，所有人都是白种人。街角的路缘石是混凝土的，相当新，没有一点污损的痕迹，还有为残疾人设置的无障碍斜坡通道。远离街角的路缘石则是花岗岩的。

位于第四个街角的是一栋三层多户住宅。除了有些用来装饰的砾石之外，这栋建筑大部分都是没有设计细节的灰泥，窗户安装了深色的铝合金窗框，所有窗都挂上了类似的白色窗帘。窄小的人行入口和宽大的车库门都面向街道。这是一栋20世纪70年代的建筑。

沿着第24街向西走过一个街区，我们见到许多房子——大约有18栋房子排在街道同一侧，每栋占地25英尺宽。其中只有三栋风格相似的房子连成一行。大多数房子是两层的，间或有一层或三层的。建筑风格差异很大，建造年代的范围从20世纪初一直跨越到20世纪50年代。房屋外墙的材料有木材、灰泥和某种砖。大部分建筑内都有一个或两个单元。有一栋房子有两个出入口，挂着四个新增的邮箱。当我们继续往下看，会发现房屋特征依旧呈现出多样性：有些窗户很干净，其余的却很脏；有一栋房屋挂着整洁的白色窗帘，隔壁那家则临时用了类似桌布的东西来挡窗户；有些门窗装了安全设备，却没有呈现出什么规律性。

有一栋住宅的木墙板较新，但接合部件却有点破旧，尤其在窗框处的破损更明显。这些木工活儿看起来是屋主为了改善房屋而自己完成的。其他住宅的维多利亚风格的装饰细节已经没有了，取而代之的是灰泥。有两三栋房屋最近重新粉刷过，其中一栋待售。我们还可以从有些住宅之间见到它们宽大的后院。

在一栋住宅前，我们见到两个年轻的男人正从货车卸下建筑金属板材，往车库里搬，那里已经存放了不少材料。货车上写着"沙斯塔机械建造"（Shasta Mechanical Construction）。下一个街角是道格拉斯（Douglas）大街，那里有不少商业设施。例如"洛卡海鲜餐馆"（La Roca Seafood Restaurant），提供十美元一份的套餐，桌上铺好了桌布，餐巾折好放在酒杯里；"宠物商店"（Animal Company）和"贵族派咖啡烘焙店"（Noble Pies Cafe and Bakery）就在十字路口两个相对的街角。烘焙店的那栋房子最近刚粉刷过，包括薄薄的屋面瓦也粉刷一新。粉刷的手艺和涂料的品质都不错，但还不是最好的。

我们从"宠物商店"横穿过道格拉斯大街，在"诺埃谷游乐场"（Noe Valley Play Area）结束了这次步行观察之旅。这里的游乐设施、植物、瓷砖和混凝土景观小品都很新，但还有一个旧的仓库、一个公共洗手间和一棵老树。网球场的围栏是金属网，并没有把整个球场完全围住。一群孩子和一位老师正在公园的一角说话。

我们在 35 分钟的步行过程中观察到许多事物，不是我用几张纸就能一一记录下来的。我们在这个区域里了解到一些我们之前并不清楚的事情。总结一下：我们在这一带首先观察到的那些房子是 20 世纪初以前修建起来的，随后的开发继续了很长一段时间，由许多小规模建造商逐次、少量地持续建设完成。这些住宅面积不大，说明住在这里的都是工薪阶层的家庭。这里有单户或双户住宅以及为数不多的多户住宅，这些住宅的业主和他们的家人可能就住在这里，并对它们进行了日常维护。蓝领工人应该是在第 24 街往东尽端的工业区或中心区南面的工业区工作，搭乘公共交通工具到这些区域应该挺容易的。办公室白领应该是在市中心工作。我们在街上见到的那些老人可能并不是原业主和原租户，但他们已经在这里住了很长一段时间了。所有这些都展现了一个安宁的邻里社区，这里的人们致力于维护、适度地保养和提升他们的物业状况。这些房子都看不出来有较大的质量问题。

这里有许多过去发生的、目前正在发生的变化的痕迹。有迹象表明，有些居民是中等收入的年轻人，如20世纪60年代末的嬉皮士或近几年出现的环保激进主义者。更年轻的人陆续搬入这个社区，其中有些带着孩子，有些正在改善这些物业的状况。新派的、时髦的商店也入驻这里。年轻的、有专业技能的、以市中心为活动中心的人群正在取代年长的人群，"士绅化^③"可能会是这里的问题。在一个办公导向型经济的城市里，我们能预测，更多的年轻商务人士以及附近大型同性恋社区的人群都将瞄准这个区。而年老的人群会慢慢地离世或离开此地。总的来说，这个社区似乎是一个社会阶层、经济阶层混合的区域，但到目前为止，变化还不算太快。

③士绅化（Gentrification）是20世纪60年代末西方发达国家城市中心区更新中出现的一种社会空间现象，特征是一个旧区从原本聚集低收入人士，到重建后地价及租金上升，引来较高收入人士迁入并取代原有低收入者。——译者

并不是所有的线索都像中国的窗户防盗网或者沿第24街的住宅这类线索那样容易被读出来，也并不是所有线索背后的含义都那么容易为人所理解。但通过有意识地、仔细地、带有目的性地观察，并持续地思考所见现象背后的含义，我们可以获得关于某个城市或某个区域的许多信息。通过观察，我们可以了解一个区域的历史和现状的动态发展过程，例如：这个区域是在什么时间、为谁而建？物质、社会以及经济方面曾发生过哪些变化？现在谁住在那里？存在

的主要问题有哪些？这个区域是否容易受到快速变化的影响？如果是，那么体现在哪方面？我们可以观察到某个区域与更大范围的城市区域如何相互关联，并能够预测可能发生的变化。观察虽然不能揭示一个区域的所有问题，但我们也能获知不少。

大部分人并不会像我们观察位于钻石大街和道格拉斯大街之间的第24街那样去观察一个城市或社区、甚至城市街区，但他们还是会去看。生活在城市里的人们，包括城市规划者、开发商、银行家、社会活动家、城市观察家和政治家，他们每天有意或无意地从周遭的物质环境中获取很多线索，并基于这些信息来决定他们的行动。因此，他们更应该学会仔细地去观察。这本书的目的正是向专业的规划者和生活在城市环境中的其他人展示：实地观察可以作为一种重要的判断分析工具。我的目的之一就是帮助每个人更深入、更仔细地去观察我们生活的城市。

视觉分析在很多专业学科中都是一种重要的分析工具。医疗检查的第一步就是医生基于观察到的症状和病史对病人进行初步诊断。我的私人医生这样描述体检的第一步，就是"看、感觉，然后轻拍"。当他听说观察并不是城市规划中一个稳定的、系统的部分时，他很惊讶。

考古学家在一个潜在的挖掘场地开始挖掘之前总是先寻找线索，他们针对已有的发现所进行的分析，通常就是在观察的基础上展开的。地质学家通过观察一座山的山势和横切面来判断形成这些地质特点的地壳运动过程。结构工程师则是通过寻找建筑和桥梁的裂缝和沉降程度来推测这些结构体将会在何时、以何种方式倒塌。林学家通过观察树木来判断过去和未来的气候周期。[2] 关注自然环境和景观

2. BROWN V. Reading the woods [M]. New York: Collier Books, 1969.

3. LEWIS P F. Axioms for reading the landscape [M]//.MEINING D W. The interpretation of ordinary landscapes: geographical essays. New York: Oxford University Press, 1979.

4. CLAY G. Close-up: how to read the American city [M]. New York: Praeger, 1973.

5. 参见，例如CANTONESE A J, SNYDER J C. Introduction to urban planning [M] . New York: McGraw-Hill, 1979: 153.

建筑的人们认为：“人造景观能够充分展示我们现在是什么样的人，过去是什么样的人，而又正在成为什么样的人。”[3]格雷迪·克莱（Grady Clay）④在《特写镜头：如何解读美国城市》（*Close-up: How to Read the American City*）一书中，就是主要依赖他的视觉体验和积累的常识来解析城市的。[4]

实地观察对于开发商在重要项目的决策中起着重要的作用。许多观察到的因素，无论多少，都会在这个决策中用得上，它们包括可及性、周边的土地使用、附近成功的开发项目、公园、街道活力级别、人群类型、气候以及与已知案例的相似性。如果这个项目在经济上是可行的，那么开发商对于场地的评估主要是以视觉观测为主，无论他喜不喜欢，随后的研究也不过是为其直觉判断找到理据支持而已。

不过，观察作为一种调查和分析的主要方法，近年来已不为城市规划专业者所青睐了。与更为量化的、以统计分析为导向的方法相比，观察法作为严谨决策的依据，被认为太主观了。[5]我们可能会说“第一手观察材料是不可替代的”，但是我们也并非一直都很确定能够相信这些通过直接观察得来的信息，尤其当我们从第二手资料（例如问卷调查）也可以获取这么多信息，并且很容易进行数据处理时，更是如此。专业人士和学者常常对他们的发现是通过观察而不是基于“硬数据”获得而感到不安，然而他们所谈论的许多内容却都与他们观察到的内容有关。

城市规划者和设计者对某个城市社区内在的无限创意的可能性感兴趣，他们非常需要第一手的体验。观察有助于唤醒人们对其他地方的记忆，并由此启发他们的思维，找到各种可能的途径方法，带来令人满意的改变。

④格雷迪·克莱（Grady Clay）长期担任《路易斯维尔信使杂志》（*Louisville Courier-Journal*）城市事件新闻报道记者，以所著有关城市设计的书籍而闻名。他同时也是一名电台评论员，曾任美国规划官员协会和全国房地产编辑协会等组织的主席。多年来，他还担任过众多规划委员会的评审委员，参与包括美国华盛顿特区越南战争纪念馆项目在内的评审。——译者

　　我希望能为城市规划领域如何观察和解读城市现象带来更好的理解，并形成一种规划者可以使用的研究方法。直接地观察人们与环境的关系，与通过二手资料进行了解相差甚远。通过收入数据了解一个群体的贫富程度，可能与观察他们的日常生活得出的结论并不一致。从年龄统计数据上读到的信息，与观察得来的人群年龄信息之间存在巨大差异：他们头发花白，拿着小手袋、等待着巴士、使用自助洗衣房，就像我们在第 24 街和钻石大街所观察到的居民一样。比起从别人嘴里听到在更古老的街区有一些空置的房子这个信息，自己亲自到北萨克拉门托（North Sacramento）大街，逐栋、逐栋地去看那 12 栋用木板隔断的房子，反而能留下更深刻的印象。当规划者将真实的面孔和形象与决策联系在一起时，他们制定决策和采取行动的时候会变得更仔细一些。

　　也许，城市规划者们关注记录城市的变化，通过引导、鼓励或阻止变化来预测和干预结果。相比通过其他研究方法，实地观察能让规划者更早发现正在发生的改变。数据往往是分析城市问题的依据，可即使是"最新"的物质和社会经济环境的数据调查，都不能反映出某个社区和城市区域中正在发生的、更活跃的变化。正如在经济困难时期，一个区域容易出现物质环境退化，或因房地产投机行为带来的压力而导致的土地用途改变、居民迁走，尽早发现这些迹象是非常有用的。有责任应对或推动这些变化的人们至少可以为此做好准备。

　　并不是所有的公营机构或者私营企业都有足够的资金或时间去做他们想做的研究。实地观察有助于找到问题和明显的反常之处，并在此基础上集中地做更深入的研究。20世纪70年代末，两位学生步行穿过旧金山的一个中低收入社区，当时区内所发生的变化没被关注，他们却从中发现了一些线索而联想到对房子的集中改造和投机炒卖活动是否已经在这个区域开始了。他们观察到许多房子内部正大肆翻新，大部分工作都是在周末进行，由年轻男性或男同性恋来完成。两三栋商业建筑——包括一家咖啡店和一个室内装饰店（只限预约上门的那种）——似乎与低收入少数族裔和大量长者聚居的地方格格不入。而其他房屋的翻新工作则像是只停留在表面——廉价的喷漆，让厨房和房间显得现代化的低价橱柜，等等，宁愿花更多的表面功夫而不是修缮更重要的基础和屋顶等问题。这些物业上挂着两家房地产公司的标志，它们都是以高周转率投机买卖而著称的。由此观察到的种种变化促使两个学生对多个方面进行更详细的调查，包括房屋的销售、建设许可、价格变化、人口更替之类的问题，而这些调查证实了他们观察后所做的假设。由此可见，观察能够指引研究和行动。本书的主旨在于告诉大家：我们越能清楚知道所观察到的和所采取的行动之间的联系，我们就越有可能拥有更美好、更人性化、更宜居的城市。

　　然而，从现实环境中提取的信息很多时候被误读了，以这些错误信息为依据而开展的项目也被误导了。因此，在观察的过程中始终小心谨慎、建立一种仔细观察、尽可能减少错误的态度非常重要。当我们观察城市时，所见到的事物常常让我们感觉不安：房屋亟须粉刷、肮脏的窗户挂着临时的窗帘或干脆什么也没挂、残破的墙板或窗框、昏暗的入口通道、垃圾、杂草丛生的庭院、肮脏的街道、废弃的汽车。所见的人，也可能让我们觉得不自在：他们看起来与我们平日熟悉的人不同——他们衣着破旧，孩子们

撒野地疯跑，还有无家可归的流浪汉。从发现让人不安的状况，到将这些状况与各种各样的社会病关联起来，只是一步之遥，当然这种关联有可能是不正确的。然后接下来我们可能会尝试去整治或者消除这些问题和病灶。

我此刻想指出的是，规划者常常采取极端行动对城市社区进行治理，因为这些地方的某些方面让他们觉得反感，仅仅是在某个环境的所见所闻，并非真有记录在案的社会问题，就导致他们采取了行动。很多时候我们没有意识到，我们会将一些视觉上让人不安的信息解读成社会和经济问题，进而通过毁掉这些令人讨厌的环境来解决问题。这里的"我们"通常指的是"有产者"或主流文化及其专业的代言者。

要找到例子证明这一点并不难。20世纪60年代是旧金山的再开发全盛时期，统计调查数据显示，在7个最早的重建项目中的5个，严重不合规格的户数还不到总户数的1/4。[6] 关于旧金山西增区（Western Addition area）房屋状况的细致调查显示，修复比拆除更为经济。但地方当局仍然坚持将这个区域界定为贫民窟，并坚持拆除那些房子、赶走那些住户。而在波士顿西端进行的环境清理修复或许

6. Arthur D. Little, Inc., *San Francisco Community Renewal Program* (Final Report to City Planning Commission，City and County of San Francisco, California, October 1965).

也算得上是解决这类问题的另一种例子，它从总体来说是有成效的，可有些人还是觉得这个区域让人看着生厌。当然，很多城市区域在经过彻底改造前确实曾经非常破旧，还存在着经济问题，需要进行治理。但我的论点是，在这两种案例中存在同样的情况，这些地区都由于各自的专业人士在观察过程中发现其存在环境问题而成为被改造的目标，而更多的情况下，这些视觉信息被误读而最终导致行动的方向被错误引导了。

我相信重蹈覆辙是很容易的。作为常规课堂练习的一部分，我要求研究生们只研究房屋状况，其他都不必管。大约从 1980 年开始，学生们一次次将观察到的信息，例如材料缺损、掉漆或面漆发旧、松脱的门廊、用胶带粘住的窗户裂缝、邋遢的庭院等等，按照修补手段将其分成多个类别，例如"可能被清除的对象"和"需要大幅修缮"。在 20 世纪 70 年代，有一些具有社会意识的学生曾做过此类观察，而未能得出这样的结论。在实地调研中，我发现学生们、非专业人士和专业人士都将一些让人心理不安的环境因素解读为建筑问题，认为需要拆毁建筑物或者采取其他极端手段来改善。下一代的专业人员，也极有可能像 20 世纪四五十年代的满脑子改造思想的那一代专业人员一样，在观察的基础上针对城市环境做出同样的决策。在充分了解情况的基础上，采用谨慎的、探究式的观察法有助于避免这样的错误。

基于不同的变量，不同的人会用不同的方式观察和解释他们所看到的事物。有些变量是由于环境造成的，比如建筑物在多云的日子就不如在阳光明媚的日子看着好；有些变量与观察者的关注点有关，例如，是去发展还是去保护。也许最重要的变量还是观察者持有的不同的价值观以及组成他们个人经验的所有因素。人们在观察的时候并不是脑子一片空白的，他们带着某种期待，基于他们的价值观和过往经验来进行观察。[7] 而且，人们对一个环境中实际的自然属性的判断也可能存在差异，比如居民感知的空气质量可能与客观监测结果不一致。[8] 人们在头脑中建立心智地图，心智地图能帮助他们获取、组织、回忆和处理自然环境的信息。地图因群体而异，因人而异。[9]

环境的运转不仅是我们常常察觉不到的，而且还会提供大于我们处理能力的信息量。[10] 因此我们不可避免地会漏掉一些线索。就算我们愿意，我们也不可能置身于环境之外，我们必须参与其中。[11] 所以不管观察的目的是什么，观察的尺度、模式或过程是怎样的，我们在观察时引入的经验和价值观都会让我们戴着有色眼镜去看待观察的事物。我们不可能完全客观地进行观察。

那么，我们该怎么去做呢？有一种回答是抛开和忘记整件事情的初衷，因为没有一种对于环境的解读是完全正确的。但即使我们想这样做，也未必真能做到。有意识地去理解每一位观察者眼里的邻里社区与其他人眼里的都会有所不同，或许是解决这个问题最好的开始。这种理解能促使观察者更为谨慎地从环境中提取信息。这一点恰好说明观察的方法应当与其他方法共同使用的重要性——这是在任何研究中都会做的——同时也说明与其他人一起进行实地调研的必要性。

7. ABERCROMBIE M L J. The anatomy of judgement: an investigation into the process of perception and reasoning[M]. New York: Basic Books, 1960: 58.

8. L. Jacoby, "Perception of Air, Noise and Water Pollution in Detroit" (Michigan Geographical Publication no. 7, Department of Geography, University of Michigan, Ann Arbor, 1972).

9. DOWNS R M, STEA D. Image and environment [M]. Chicago: Aldine, 1973: xii.

10. ITTELSON W H. An Introduction to environmental psychology [M]. New York: Holt, Rinehart and Winston, 1974: 13.

11. ITTELSON W H. Environment and cognition [M]. New York: Seminar Press, 1973: 13-15.

价值观和经验如何影响观察，这将会在后文中继续提到。当然，我也会带着自己的价值观和偏见去观察和分析所看到的事物。我认为城市应当是雄伟而华丽的居住地，是人们得到满足的地方，是充满自由、博爱、理想，令人感到振奋、安宁和愉悦的地方。城市是一个社会的共同成就的终级表现。城市规划是帮助城市变得宜居并保持下去的一门艺术。

我的城市规划哲学根植于一种信念，即城市中的人们有权利表达出他们对于自己社区的期许——包括物质、社会、经济、文化各个方面，并且有责任走出去，实现这些目标。

城市规划涉及对城市改造过程的管理，所以我认为持续地寻找改变的迹象是有意义的。在观察过程中，我尝试去发现谁可能会从这些变化中获益而谁的利益会受到损害。我不太信任那些大规模的、由少数集权者决定的改造，反而倾向于许多人可以参与的改造过程。观察是一种简单可行的方式，使得绝大部分人都得以了解改变的过程并参与到管理过程中。

迄今为止，观察城市最好的方法就是在城市中步行，这不仅仅是因为我个人的价值观或喜好而得出的结论。其实还有其他许多可接受的观察方式，它们适用于不同区域的规模、类型以及观察目的。然而没有一种模式可以取代在步行过程中进行的观察。其他方式的速度使得观察和研究细节都变得困难。

步行中的观察者可以控制步速和时间，比开车或骑自行车的方式能更为直接、容易地观察某一特定场景。步行者在移动的过程中没有其他事来分心，因此他们可以聚精会神地进行观察，移动的范围也能最大化：他可以走遍公园，也能走上公共楼梯，甚至看到某户人家后院的情况。

步行使观察者可以身临其境，眼睛与所看到的事物之间毫无屏障。感官体验——包括噪音、气味甚至触觉——都是步行过程中的真实感受。你不仅能够感受到视觉、听觉和味觉，还能想象住在这里是怎样的感受、这里曾经是怎样的，等等。这是一种令人兴奋、激动不已的体验！

第2章

观察和解读
内格立公园（Naglee Park）

1. 莱斯莉·库德（Leslie Gould）和我一起完成了这个案例的研究，并由茱莉亚·库德（Julia Gould）和珍妮特·林斯（Janet Linse）提供协助，她们两位负责安排与圣何塞城市规划部门的职员一起进行的实地调研，并收集整理了我们用来对观察进行评估的数据。本案例研究最早正式发表时题为《观察和解读城市环境：加利福尼亚州圣何塞市内格立公园》["Observing and Interpreting the Urban Environment: Naglee Park, San Jose, California"（Working Paper no. 372, Institute of Urban and Regional Development, University of California, Berkeley, February 1982）]。

我们已来到加利福尼亚州圣何塞市（San Jose, California）一个叫内格立公园[1]（Naglee Park）的地方。我们的目的是想看看假如将观察得到的信息进行整合来梳理这片区域的历史和动态发展脉络，我们能达到什么样的深度。它是什么时候建造的？为谁而建？环境、社会、经济等方面有什么变化？现在是谁住在那里？主要存在的问题和困扰是什么？当面对快速变化时，这个区域容易受到影响吗？未来它又会如何改变呢？

作为城市规划者、房地产开发商、投资者、交通工程师或是相关的市民，我们通常不会只靠观察本身就能回答这些问题。寻找答案的过程中，或许会有人告诉我们这个区域曾经发生过的事情，或许我们会发现它曾经出现过的问题，又或者我们已从日常的体验中对内格立公园有所了解，并且将我们所观察到的与这个区域的统计数据关联起来。然而，这只是一个测试的例子。两个对圣何塞不熟悉的人在短短3小时内对内格立公园能了解到什么呢？在开始观察的时候，我们只知道圣何塞是一个快速发展的城市区域的中心，大部分新的开发取代了原有的果园，这一现象就是所谓的"城市蔓延"。电子工业正在旧金山以南大约50英里的湾区这一带蓬勃发展起来。

1981 年 6 月末一个温暖的周五，我们开车从伯克利市（Berkeley）出发一路向南，大约在上午 10 点到达了内格立公园。我们先开着车在这个区域大概转了转，发现此刻我们身处圣克拉拉大街（Santa Clara），就在圣何塞中心区的西边不远处，高楼林立的地方就是中心区；我们还发现圣何塞州立大学（San Jose State University）就在第 10 街上，与这个区域相连。我们开车向东穿过邻里社区，在途经的时候，来回看了看那些编了号的纵横相交的街道。沿第 11 街的多户住宅被更老旧的、很明显是独户的住宅所取代了。我们接着寻找一个标志性的地点，比如本地的商业街，这类空间是开始步行观察的好地方，可惜没找到。我们继续开车一直到位于此区东侧边界的第 17 街，并在树荫下停好了车。

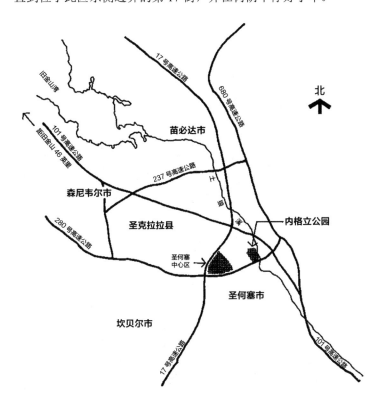

圣何塞市内格立公园

比例尺

在第 17 街和圣安东尼大街（San Antonio，一条居住性街道）的路口，我们看到路边立着一个告示牌，上面写着：在每年 9 月 1 日到来年 6 月 1 日，每天上午 9 点到下午 1 点间，凭停车证在此停车。这段时间是学生在学校上学的月份和繁忙的通勤时段，所以我们可以肯定附近大学对周边的影响已经延伸到此处，而且学生们的停车问题对居民构成了干扰。这项停车条例是否证明了居民曾组织起来申诉这种干扰，并且在市政厅申诉成功呢？

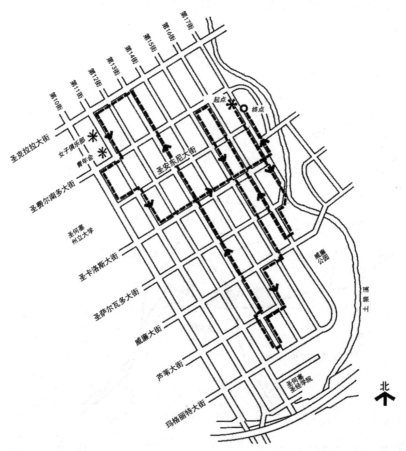

圣何塞市内格立公园的步行线路

比例尺

　　第 17 街上的建筑是在不同时期兴建的——大部分早于 20 世纪
30 年代以前，一小部分建于"二战"后（post-World War Ⅱ）。
这些建筑看起来比较新，规模较小，没有多少细节。这条街道东
侧的建筑比西侧的建筑规模更大，维护得也更好，大概是因为它
们后面紧邻一道溪涧，所以被认为是一个很不错的位置。在街道
的东侧，我们见到两个有点年纪的女士坐在一栋保养良好的房子
的侧方庭院里。街上的树木长得高大茂盛，人行道边的房屋整齐
地退缩一段距离。我们发现街道西侧的住户似乎是最近搬进来的，
人也更年轻一些。我们见到一辆搬家货车，家具什物被卸下来
搬进一栋空房子里。有几件家具的质地似乎一般、边缘处有些
磨损的地方，看起来比那些小康富裕家庭使用的家具显得更老
旧，而且风格样式并不都很协调。这里的居民跟附近的这所大
学有没有什么联系呢？

　　坐落在第 16 街上、东威廉大街（East William Street）以北的
建筑，看起来像是独户住宅。维护的状态不是最好的，庭院也并
没有得到应有的维护。这些线索是否暗示着这些房屋是用来出租
而非房东自住的呢？其中有两栋住宅还挂出了"待售"的牌子。
我们在这条街上既看到年轻夫妇，也看到老年人。我们注意到一
扇窗户上有一块褪色的、写着"家庭警报"的牌子，另一家的窗
户上也有这样的牌子。很明显，这两块牌子已经挂在那儿好长时
间了。住宅的入口和窗户没有门闩或格栅。住宅的规模说明它们

原本的住户是属于中等收入人群的，建筑风格的多样性显示出这个区域经历了长时间的建设，由若干不同的建造者和开发商一点点地建成，建设似乎是从 20 世纪 20 年代或更早的时候就开始了。

我们从街角转到圣费尔南多大街（San Fernando Street），见到了更多的汽车和更密集的车流。再往北一个街区就是圣克拉拉大街，那是一条宽阔的、交通繁忙的街道，那里大部分都是汽车商业的功能，它应该是通往圣何塞中心区的一条主要东西向街道。圣费尔南多大街东段的建筑不如第 16 街、第 17 街上的建筑状况好，庭院也没有进行很好的维护。其中一栋建筑里有一个精神健康倡议项目。我们听到有人说西班牙语，也看到一些年轻人正围着一辆停在街头的汽车忙碌着。圣克拉拉大街上的商业影响是否已经沿街一直延伸到圣费尔南多大街东段了呢？根据这里办公和居住建筑混合的状况、建筑的维护状况以及人们明显可辨的收入层次来判断，我们的答案是肯定的。

当我们往南转到第 15 街,那里的建筑很明显是建于 20 世纪
20 年代或更早的时候,看起来比东圣费尔南多大街上的建筑维护得
要好。有一栋建筑挂着"待售"的牌子。紧邻着的是一栋公寓,与
战前建筑相比,这栋公寓涂着灰泥饰面,建筑缺乏细节,使用铝制
竖铰链窗和低质量的材料,工艺缺少个人特色,通过这几点就可以
判断它建于 20 世纪五六十年代。这栋公寓里的住户是白人,我们
还听到里面传来孩子的声音。在另一栋类似的公寓里,我们见到一
些黑人住户。沿着街道,许多住户的门是敞开着的。有一栋出租的
房子,门上的窗子贴着安全警示贴纸,还挂着蕾丝窗帘,这些都说
明这里住的是老年人吗?我们确实看到一些老年人在街道上走动。
透过一扇窗户,我们看到屋内有一个雕像和随处散放的书籍,估计
里面住着稍年轻一点的人。

还有一栋房子，从它的规模和设计来看，最初是独户住宅，现在已经被改造为五个居住单元了，五个邮箱也不是房子原本就有的。住在这栋房子里的是一些学生（我们见到一位穿着短裤和T恤、学生模样的年轻黑人，在一扇窗子后贴着一个法国的路标）。另一栋建筑也已经被改造为多居住单元。为什么这些旧建筑会被改造而不是被拆除并重建成密度更高的建筑呢？也许此前没有什么新增加的住房需求，或者这片区域没那么受欢迎。

根据第 15 街人行道上的标识可知，这条街道在 1966 年被重新铺设过。其中一栋房子首层下陷，建筑沿街立面的中央有一条很大的裂缝，说明地基存在问题。

东威廉大街看起来像一条分隔区域的街道——非常宽，交通量更大、树更少，朝向街道或入口设置在街道上的房屋很少。东威廉大街和东芦苇大街（East Reed）之间的第 14 街上的建筑，比第 14 街北段的建筑更新一点、维护得更好。这里似乎是更稳定、更富裕的区域。东芦苇大街上的房屋都装有警报系统。

位于第 13 街上、东威廉大街以南的建筑，比第 14 街的建筑面积更大。街边停着的车辆比起我们之前看到的都要更大、更贵。有一栋独户住宅正在建设当中，看起来造价昂贵：实木板代替了胶合板、大量非标准化的木工、立面设计做了很多变化，还有定制的窗户，房子可能是由建筑师专门设计的。许多家庭都装有电

子报警系统，但前门是敞开着的。难道是因为天气太热的缘故？
这里好像有很多不同的信息混合着：敞开着的前门这一点比装有
报警系统显得重要。我们看到人行道上走过的人寥寥无几。

同样还是在第 13 街，东威廉大街以北的房屋就比以南的显
得老旧，更窄小，维护得也不够好。难道是东威廉大街上存在区
划变化，所以大街以南的住宅类型限制更为严格？我们发现其他
三条南北向街道上的建筑也存在类似的质量、规模和维护方面发
生改变的状况。有一栋房子上安装了三个门铃，说明原来的独户
住宅被改成了多户单元。房子的修缮和维护工作似乎也不够专业
（粉刷不均匀，本该是笔直的油漆线被涂歪了）。这项修缮工作
是由搬来的年轻人自己来完成的吗？我们见到了年轻一点的居

民，其中有些是拉美裔的。有三栋联排住宅安装了外置的金属百叶窗。可能在 20 世纪 40 年代末 50 年代初，恰好有一位金属百叶窗的销售人员途经此处并推销这种百叶窗，这种窗在当时很流行。在第 13 街更北的地段，我们看到那里的建筑有明显的、更严重的维护问题——凹陷的瓦片、有待维修的屋顶、缺失的或腐朽的材料、老旧褪色的面漆。建筑本身并没有结构风险，各种迹象只说明那里的人没有足够的钱对房子进行适当维修，或者房东对此置之不理。

继续往北走，我们看到一个寄宿公寓的招牌、一个"待售"和一个"待租"的招牌。街上有更多的行人，以及更多的拉美裔人。那里有两个精神病人之家。这里的不少房屋都有外露的垂直管道，不过我们没有特别关注这一点。沿第 13 街走，快到圣克拉拉大街之前的最后一个街区有许多设计精美的老建筑，但这个街区呈现出一种不长久的感觉，居住在这里的人们似乎都是新搬来的，或者不打算在这里长时间住下来。也许是房屋外露的管道、混杂的使用功能和区内那些机构组织让人产生了这种不长久的感觉。有块招牌上写着"孕产中心"（Birth Home），说明这里还有另一个社会服务机构。它为什么会在这里呢？——是因为低廉的租金？还是因为离客源更近？

圣克拉拉大街上的保罗餐厅（Paola's Restaurant）看上去是家老店，停车场里停满了大型的、昂贵的车子，说明它把城里四面八方的客人都吸引过来了。

当我们从圣克拉拉大街拐弯南行进入第 11 街，发现进入后的第一个街区与其他和圣克拉拉

大街南侧紧邻的街区一样，像是中间过渡的区域，它的南边是纯居住社区，北边则是圣克拉拉大街上的汽车商业设施。从房屋的规模来看，它曾经是中产阶级的居住区。很可能因为这是一个经济稳定、以家庭为核心的社区，所以圣何塞女子俱乐部（San Jose Woman's Club）设置在这里。我们觉得，这里的街道和住户早已不是以前的那些了。这是一条单行道，说明这里的交通更为繁忙或者车辆需要提速。

见到圣费尔南多大街上的青年会（ATO Fraternity house），我们就知道圣何塞州立大学在附近了。这栋维多利亚式老建筑最近的一次翻新并不理想，用材和手工的质量都不高，粉刷看着也不够新。

第 10 街上大学对面的那些宽敞的老房子，默默述说着世纪之交时这一带的富裕。在后来的发展过程中，原先的土地被进一步细分，在原来的大房子之间见缝插针地加建了较小的房子。现在，圣何塞大学拥有这个社区大部分的土地和房子，即使不归大学所有的那些土地和房子，其用途也以服务大学为主。大学对周边的影响一直延伸到第 11 街的内格立公园，那里有大量的大学宿舍和许多学生。第

10 街也是一条交通繁忙的单行道。

沿着东圣卡洛斯大街（East San Carlos）向东走回到观察的起点，我们看到鲜花并闻到阵阵香气。那些穿过内格立公园的街道都很干净。第 15 街和圣卡洛斯大街的交界处，是一个老年人和半残障人士之家。我们能从外面看到他们。在这个区域，我们已经见到不少这样的老年人之家。为什么他们会聚居在此处？我们同行中的一人回想起来，在 20 世纪 70 年代早期政府推行过一项关爱残障人士的州立政策，鼓励以小群体的方式将该类人士安置在居住社区里，提供家庭式的护理照顾，而不是安置在大型福利机构内。于是这些人被转移，或自行搬迁到旧金山、奥克兰（Oakland）和圣何塞这样的大城市。这类看护院必须设立在租金足够低，并且能够得到政府许可的地方。设立在内格立公园北部的这些看护院，说明 20 世纪 70 年代早期这里的租金低廉，当时也没有非常强势的社区协会进行干预。大面积独户住宅聚集的社区通常会成立社区协会，他们对看护院的存在深感忧虑。也许当时的社区组织也表示过反对，但因为不够强势而没能把看护院从这个区赶出去。

将内格立公园作为一个整体考虑，我们得出的结论是：这里的城市化进程始于 19 世纪末 20 世纪初。早于这个时候建造的房子寥寥无几，属于湾区早期维多利亚风格的房子也屈指可数。这里的发展持续稳定却缓慢。这里很多房子的设计和尺寸各异，只有为数不多的房子是相同的、成排修建起来的，说明这里的开发是由许多小建造商而不是一两个大型开发商完成。由房子的规模、品质好且低调的材料及其设计可以判断，一部分早期修建的住宅最初是为富人而建的，但慢慢地这里已经转变为一个中产阶级的居住地。

东威廉大街以南区域的开发有可能比以北的区域要晚一些，那里的建筑看起来新一些，由更富裕的人居住。只有一处例外——同样在东威廉大街南边，第 11 街南段的房子的质量就不如其他街道南段的房子质量好。在第 11 街和第 12 街之间沿建筑退线的区域，区划^①可能改变了，这一点要么加强了两个街区之间早已存在的差异，要么直接导致了这种差异的产生。

我们认为，在 20 世纪 50 年代至 60 年代期间，人们陆续从内格立公园社区搬走，住进更令人向往的、新的城市近郊区域的牧场式平房住宅。当时，这个区的北边可能不太时髦、不够吸引人。在某个时候，东威廉姆大街以北的区域可能被重新区划为多户住宅用地（如果它确实被重新区划过的话，那么在此之前它肯定是被区划为独户住宅使用的）。但是从 20 世纪 60 年代开始，这个区域的改变开始变得缓慢，只有少量新的多户住宅兴建了起来，还有不少老旧的独户住宅被改造成多户住宅。租户大约是在 20 世纪 50 年代和 60 年代期间搬入，包括中等收入的拉丁裔美国人。20 世纪 60 年代末、70 年代初，这里的住宅被改造的时间，比很多房子改作精神病人看护院的时间略早一些。不过，许多老的和新的业主继续留在此地。

而今，若干经济力量和人口结构的变化看起来正在推动内格立公园的发展。沿着圣克拉拉大街的商业活动从北面开始向这一带渗透，在圣克拉拉大街和圣费尔南多大街之间的大多数南北向街道都像是一个过渡区域——有不少办公楼、停车场或空置场地，房屋被改作学生公寓、看护院或社会机构，这里还保留着一定的居住用途，只是需求的程度各有不同。从西面开始，大学对这个区的影响和渗透无处不在，不仅体现在学生甚至可能还有教师对于居住的需求上，还体现在第 11 街上的大学住宅，以及校园附近街区停车的问题上。拉丁裔美国人似乎对这个区域西北角的影响最为明显，并向东南方向推进。所有这些影响似乎一直延伸至东威廉大街这条分界线为止，住在南边第 16、17 街的家庭是更富裕的居民和小康之家。沿着第 17 街有小规模的士绅化现象，并向西北方向渗透。更年轻一些的成年人带着孩子陆续搬入这个区域，但是仍然有年长的居民留在此地。

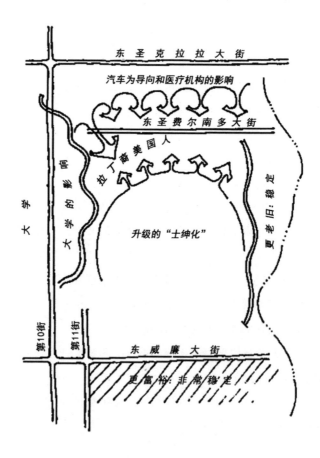

如果区划确实曾经改变过的话，几乎可以肯定的是，有些人对于多户住宅区划有过（或曾经有过）不同的看法。新的住户搬进来，很可能更希望这个地方还保持最初的样子，所以区划将来会成为一个有争议的问题。那么，现有的区划是否会让新住户不确定内格立公园的未来发展呢？

一路走过去，我们见到的出租公寓挂着的"待售"和"待租"招牌的数量能够显示这里房屋的周转率很高。为什么会这样？这里的房子之所以被卖或者出租，是因为住在里面的老人逐渐离世，还是因为房子太大、难以维护而导致房东搬走？或是新买家意识到现在卖掉房子将获得可观的收益？最后这点似乎还是令人质疑的，因为那几类买家可能都不会对投机的利润有太大兴趣。

尽管有些房屋地基有点问题，有些房屋原本可以通过更好的方式进行维护，但总体来看这些房屋建造精细并维护良好。如果东威廉大街以北的区划属于多户住宅区，那么代替旧住宅的那些新建筑，其每个居住单元在材料质量和空间大小方面都不太可能像现有的这么好。有些人希望这里恢复原来的独户住宅区划；其他人则持反对态度，他们认为这样的改变会将那些不太富裕的、依赖此区安家落户的少数族裔群体赶出去。总而言之，内格立公园是一个充满变化的区域，不少力量和利益在相互竞争。现在很难说最后到底哪股力量会占主导地位，这其中会有赢家和输家吗？

圣何塞城市规划部门的职员证实了我们大部分的观察和假设，但他们也指出了至少一处的较大的误读。内格立公园的区划问题一直以来确实是个难题。早在1951年之前，这个区就被区划为独户住宅区。从20世纪40年代就开始尝试允许多户住宅的发展，但直到1958年业主联盟才使得这个转变得以成功实现。当时，这些房东中的许多人是在这里居住多年的居民，已至中年甚至还要年长一点，他们正准备搬离这里，并认为如果有更自由、紧凑的住宅区划法，那么他们就能够为自己的房屋争取到更好的价格。当时的市议会是鼓励发展的，也同意了改变区划。"二战"后住户们已经陆续搬离这个区域，有些最早的住户已经去世，房屋也变得老旧、少有更新。附近的中心区也在衰败，就像当时许多地方的中心区一样。总之，这个区域正在变得没那么有吸引力。20世纪五六十年代，内格立公园区域逐渐走向衰败。它一度遭到银行的歧视，导致购买该地区物业的买家难以申请到贷款。[2] 这一时期，独户住宅转变为多户住宅的情况比新建的公寓多，说明不断扩大的市场来自于学生住宿的需求，而不是在衰败社区里对新住宅的需求。

到1968年为止，学生都必须住在大学校园或学校批准的出租公寓内，这些公寓集中在第10、11、12、13街。1968年大学政策发生变化，允许学生住在任何他们喜欢的地方，于是许多学生分散居住到附近更大范围的区域。与此同时，由于州政府有关精神健康保健的政策也发生了变化，大约70%的寄宿公寓和智障人士看护院被安置在这个社区，因为这里租金低、房价低。收入有限的租户和少数族裔租客也是在这个时候搬来的。

1973年，社区协会敦促圣何塞市政府不要把钱存入某个银行直到该银行解除对该地区的歧视政策。当政府不再向银行存款时，银行的确就此改变了政策，又重新向购买该地区住房的买家提供住房贷款。20世纪70年代早期，年轻的教授们带着全家人开始搬入这个区的南部和东部，正如我们推测的那样。而在20世纪70年代末，新的买家购买的房子都集中在区域的北部和西部。到了20世纪80年代，内格立公园的典型买家是一对40岁以下、带着孩子的已婚夫妇。根据报纸文章和圣何塞规划部门职员的说法，现在的买家们都青睐那些有着独特建筑风格的房子。正如我们所想的那样，许多新业主会亲自对房屋进行翻新。

校园社区促进协会（Campus Community Improvement Association）是这里的一个社区组织，现在已经成为圣何塞市最强大的社区组织之一。根据某消息来源证实，这个协会曾经在20世纪70年代早期反对这里成为寄宿公寓和看护院的集中地。1978年，社区居民成功地推动政府将该区重新区划为独户住宅区，这个政策将不再允许更多的住宅被改造为多户单元，并阻止更多的出租公寓和看护院迁入该区。1981年10月的报纸文章曾提到，新的住宅买家变得很珍惜、很维护这个社区。

我们观察到许多住户是老年人，这一点是对的。我们见到的房子上的警告标签是源于一个早年的计划。规划部门的职员说，最近从这个区搬出的学生租客比搬入的多。业主更愿意租给长期的租户，而不愿意租给每年只租9个月的学生租客。这证明，我们实地观察得出的东威廉大街和第11街有区划改变的结论是正确的。

规划部门的职员也证实了我们实地感知到内格立公园的人口动态变化是准确的。[3] 最邻近公园的区域通常是更吸引人、居民收入更高的区域。沿小溪边的第17街一直都是一个"好"区，曾经以"医生住区"而闻名。从街区1980年的人口统计数据来看，总体上可以确认西班牙姓氏的人群住在这个区的北部和西部，尽管那个区域总的来说基本上还是一块白人飞地。人口构成既包括了住宅的业主，也包括了租客。

圣克拉大街的历史意义在于它是原来的国王公路（Camino Real）的一部分，是进入圣何塞中

3. 我们也参照规划部门公布的报告、人口普查材料以及报刊文章，对在实地所做的暂时性结论进行了测试。但和其他案例研究一样，要验证我们的结论不是容易的事；而必要的数据恰巧没能获得，尽管是因为当地城市规划职员向我们明确肯定关于该地区的研究已经都有了，我们才选择了这个地区。

4.虽然观察者已观察到内格立公园紧邻中心区，但他们却没能思考这一点对于该地区多年来的发展有可能意味着什么。

区的主要通道。[4] 规划部门希望按照目前邻里的状况来保留圣克拉拉大街南侧、面向邻近社区的第一个街区。他们说，这个街区新的发展是与居住功能有关的。我们对此说法有些质疑。首先，那里的医疗办公设施已经存在很多年了。而最新的非居住用途建筑，比如孕产中心，是在1978年左右建成的。1978年进行更低密度重新区划后，为了保持这个区的居住特性，更低密度区的北边界线就划到圣克拉拉大街以南的第一个街区。规划者一再强调，这一区内居住功能往北扩展的需求就如同非居住功能往南扩展的需求一样明显。那么，从这个角度来看，我们的实地分析就可能不对了。

在实地观察中，一个更显著的错误与士绅化有关。根据规划部门职员的说法，收入更高的人群早已陆续搬入这个区域，许多家庭是有双份收入的。物业状况正在改善，有时候是业主自己来进行修缮工作的，但翻新的结果还没显现出来。我们观察到的那些不够专业的工艺，大概是业主或租户对房子所做的最低限度的、临时性的修补。这个区域所有的翻新都是私人资助的，没有任何政府项目对他们提供帮助。物业价值自从1975年之后就开始迅猛提升。规划部门认为大量的房屋"待售"只是一个暂时的现象，一般是因为屋主离世，或是住在那里的老人无法再独自居住而搬走。房屋的翻新都是从多户住宅改变为独户住宅，而非相反的情况。

总之，我们的实地观察和判断大部分都是准确的，尤其是关于社区发展的历史、已经发生的变化、目前的人口特征和变化情况，以及对于社区来说非常重要的各种问题。我们根据所观察到的细节得出的大多数结论——指示牌、房屋上的标签、人们的年龄——也都是准确的。

然而另一方面，我们的有些认知并不准确，包括士绅化的发展速度、已经发生的重新区划以及强大的社区组织等问题。也许我们为发现区划是社区的一个问题并且已经产生了一次区划改变而感到得意，以至于我们没有意识到第二个阶段可能产生的变化。如果我们稍加留意，有些迹象其实已经在暗示这个变化了，比如：没有出现新的多户住宅、没有出现新的房屋翻新迹象、没有出现新的看护院。

最后，有一点是可以肯定的，保罗餐厅是圣何塞最古老、最出名的餐厅之一，而且它的客人确实是来自城市的各个角落。

我们刚一来到内格立公园的时候，就见到一条居住区街道上有停车的指示牌，上面写着：在每年的九个月时间里、每天特定时间内，没有许可证的车辆不允许在该处停放。我们将这个线索关联到其他的线索，那就是附近的一所大学、大学学年安排以及学生教职工的开车习惯等常识，可以得出暂时性的结论：大学的停车可能是一个困扰当地居民的问题。相对简单的案例也能提供许多要素的信息，对实地观察和判断进行补充。停车的例子和内格立公园的例子说明哪类信息是可以通过观察城市环境获取的。

我们将所观察到的线索与其他线索、大量的知识以及我们的个人价值观相互关联起来。当中的某些线索会组合在一起形成一定的模式。我们观察到的所有信息被我们有意无意中作用于一个过程：可能在不知不觉中，我们持续快速地过滤信息、回忆、形成结论，同时也质疑我们所看到的。在讨论线索的细节之前，我想简要说说我们是怎么运用这些线索的。

我们在观察内格立公园过程中记录的线索覆盖的尺度范围很广，小至门铃，大到这个区域在圣何塞城市里的位置。尽管如此，我们利用和反复利用的线索只集中在五六类。建筑是最重要的指标，它的建设年限、规模、用材的质量、设计的风格、维护的质

② 1500平方英尺约等于139.4平方米。——译者

量是最重要的属性，庭院的维护和景观设计也包括在内。建筑的功能、建筑的混合使用以及建筑本身是我们分析的线索，比如：区域中心独户住宅和多户住宅的混合有助于解释这个区在这些年经历的社会经济变化；而那里曾有过的单一使用功能的建筑，如女子俱乐部、孕产中心，则告诉我们这个区的过去和现在。住在这里的人也是非常重要的线索，尤其是他们的年龄、性别、人种、族群和衣着。还有一些更细微的线索——门铃、电话线、邮箱、停车情况、"待售"以及商务招牌，还有玩具、警报系统、窗帘、家具，甚至是敞开着的大门——这些与尺度更大的线索一样重要。本书中的其他案例还涉及不同的线索，不过我们在研究圣何塞市的这片小范围区域时用到的这些线索为我们提供了好的开始。

然而，就这些线索本身而言，单一的线索说明不了什么。一个面积不大的独户住宅，即使我们知道"面积不大"是指面积大约 1500 平方英尺②，可单靠这个线索本身提供的信息量并不会比"独户住宅"提供的多。一位年长的白人就是一位年长的白人。一条单独的线索并不能马上给问题提供答案，也不能帮助我们对现在和将来的问题得出结论。正如分析大学停车的例子一样，通常我们需要将各种线索联系起来，才能理解内格立公园过去和现在的动态变化。布局模式以及模式的中断，比如东威廉大街以北和以南的差异是判断区域之间差异性或正在发生变化的重要指标。模式的中断能引发我们思考一系列问题，比如：为什么会发生这种不连续的现象、它是什么时候发生的、它对未来意味着什么，等等。

作为观察者来到内格立公园的时候，我们是具

备一定的常识的，那些常识有助于解释我们的所见。我们从其他城市了解到的停车习惯和存在的问题，让我们意识到在一条安静的居住性街道上有这样一类停车告示并不常见。基于这点我们得出的结论是，停车极有可能是这里的一个难题。对"二战"后城市居住用地的总体发展趋势的了解，让我们能将这个社区的转变与内格立公园在20世纪50年代至60年代间的市场情况关联起来。我们了解州政府关于精神病院的政策变化，就能理解为什么社区内有如此多的精神残障人士看护院，也帮助我们理解这些看护院对于当时的住宅市场意味着什么。不可否认，这类知识确实超越了对美国城市发展史的一般认识的范畴。我们拥有的知识比自己意识到的多，而在观察中有意识地尝试去分辨出布局形态，并对所见提出疑问，这些都能激发我们不断调动已有知识的能力。

在观察过程中不断地针对看到的事物提出问题并给出结论，这一点至关重要。在描述内格立公园的过程中，我经常会很笃定地给出结论，好像它们就是事实一样。眼睛看到的一切，经过大脑快速、无意识的处理，观察者会直接给出结论，却没有意识到这个结论是因何而来。举个例子，我们在实地观察到某人的"物品似乎并不结实"。过一会儿或许才会有人问，为什么会得出这样的结论。但是在意识层面，往往是结论先行。这点也许是不可避免的。这就是个人价值观和常识如何被带入观察的一个典型例子，不管它们被运用在这里是不是恰当。因此不断地提问题并对实际观察到的事物的定义进行修正非常必要。

值得注意的是：我们在步行没多长时间就开始得出初步的结论，并没有等到收集和筛选完所有的"事实"才下定论。关于内格立公园社区被升级改造和士绅化的猜想很早就有，这种猜想并没有很多依据。这样的"结论"在实地观察中作为假设，需要去反复查证、测试、发展和修正。在内格立公园的案例中，那些新线索说明这个区域已经被重新区划、只允许低密度开发，我们本应对这些新线索持更为开放的态度。

如果观察者是两位而不是只有一位，那么不断地提问题、挑战猜想、做出结论、以及提出"让人灵光一闪"的启发性假设就更有可能会发生。第二位观察者可以向第一位观察者提问，并补充第一位观察者不知道的知识和没有观察到的地方。与一个人观察相比，两个人观察所得的结论，即便是暂时性的，其立足的数据和经验也比单个观察者更多。

第 3 章

线
索

1. BERNSTEIN C, WOODWARD B. All the president's men [M]. New York: Simon and Schuster, 1974: 82.

"这里的开发是沿着铺设有植草砖的人行道修建的一组仿造都铎①老屋（Tudor houses）风格的建筑。这里无疑是为有小孩子的家庭设计的，机动车交通和停车位被安全地隔离开来，几乎每栋房屋似乎都有一辆儿童三轮车或者有小木马翻倒在草坪上。"[1]

我们观察到的事物告诉我们想要了解的城市区域的情况，也就是：这里有些什么线索？一条线索或者一个指标是能够被观察者观察到的现象，并能告诉他（或她）希望了解的事情。线索有助于观察者理解所调查的城市环境的特质，也回答一些关于这个城市区域过去、演变过程和目前存在的问题。

有些线索的含义是很明显的。如果一栋建筑上面写着"1920年"，并有四个门铃、四个邮箱、四个电表和四条电话线，那么很显然这是一栋有四个居住单元的老建筑。如果这栋建筑明显是按独户住宅设计的，周围也都是类似的独户住宅，那么它肯定是经过后期改建的，这说明变化已在此处发生了。如果沿这条街向上走，见到的建筑工人说他们正在改造其他房子，那么说明会有更多的变化发生。有些显而易见的线索非常重要，比如屋顶有窟窿但是屋内还有人住着、一堵严重倾斜的墙、一块告示牌公示这里已经规划了一条快速路等，这样的线索是我们搜寻更多细微线索的基础，许多细微线索并不明显。

谈及线索，就无法回避类别和分类。我们在这里使用的类别是根据线索的重要性进行整理的——即可见性和频率——并且以出现的顺序为依据，也就是按实地观察到的顺序来排列。这种分类方法存在难点，因为眼和脑是对所看到的事物进行反应，而不是对预先分好的类别或者顺序进行回应。具备了那样至关重要的能力，我们就可以开始思考各种不同的线索——那些我们所看到的事物提供给我们的信息。

建筑

　　建筑是了解很多事物的线索，这是关注城市环境的人想要了解的。它们是与开发建设的时间、速度以及这个区域的活动特征和频率相关的基本指标。这些指标会告诉我们：这个区域最初是为谁建造的，谁现在住在这里或正在使用这栋建筑，随着时间的流逝这里有什么改变，这个区域在未来变化发展中的可能性有多大。然而将建筑作为一个分类，太过于宽泛而难以处理，我们需要考虑具体的特征。有时成组的特征和成组的建筑群比单个要素更有价值。

建筑风格

　　房屋的建筑风格是关键的线索，用来判断它或它所在的地区是什么时候被修建的。不考虑建筑功能的时候，建筑风格的确能起这个作用。当然，观察者有必要了解特定的建筑风格是出现在哪个年代的，例如极少细节的混凝土公寓建筑建造于"二战"以后，维多利亚风格的建筑则建于 19 世纪末 20 世纪初。然而通常情况下，如果观察者对于正规教育中建筑风格的描述知之甚少或完全不知道，他（她）也可以根据建筑的设计推测建造的年代。如果一条街道上所有建筑都是一种风格，那么它们很可能是同一时期修建的；如果风格多样，通常意味着这条街的建设开发经历了一定的年月，是由不止一个发展商逐步修建起来的。

但是建筑风格并不总是能透露很多信息。有些风格会在相当长的时间内一直被用在建筑上。例如乔治亚殖民风格（Georgian colonial style）就跨越了 180 年的时间，直到 18 世纪末期为止。不同的风格在时间上也可能会重叠。比如小平房风格始于 19 世纪末，一直延续到"二战"为止。一栋小平房风格的房子有可能比一栋维多利亚风格的房子修建的时间更早，而维多利亚风格在 19 世纪末 20 世纪初就已衰落了。

同时，建造者也并不会拘泥于学术上对于各种风格时期的划分，例如在 20 世纪 80 年代建造乔治亚殖民风格的房子。通常有些线索可以与建筑风格关联在一起分析，例如一栋新的乔治亚殖民风格建筑上的窗子的细节设计与一栋 1750 年的乔治亚殖民风格建筑上看到的并不完全一样，采用的是现代风格的木工工艺，或者房子没有什么风化现象，这些都使旧风格的老建筑和旧风格的新建筑之间的差异更容易被识别出来。然而，对于观察者来说，更困难的是确切地辨认你所看到的这些建筑是不是这个区内最早建造的建筑物。当然，对于建筑风格有一定的了解有助于观察者分辨在现有的建设之前这个区曾有过什么，尤其是在一个有多种不同风格的建筑的地区，我们并不能总是那么确定，最新的建筑是否已经取代了最早期的那一批建筑，甚至不能肯定现存最老的建筑物是否就是这里最早期的建筑。所幸的是，建筑风格并不是判断城市发展何时发生的唯一线索。

建造目的

住宅、商店、工厂、教堂、办公楼和学校通常有显著的外观特征，表明了它们的使用功能。然而，如果我们越想精细地根据建筑设计显示的建造目的来将它们分类，就越容易弄错。在有些国家的某些时期，住宅、学校和办公室的外观不会特意加以区分。在巴西利亚（Brazilia），人们很难第一眼就分辨出办公建筑和公寓之间的差异。在许多案例中，一栋现代风格的办公建筑和一栋工业建筑的外部差异基本上微乎其微。在巴洛克时期（Baroque period），建筑立面更为重要的是作为整体设计的要素之一，而非对功能用途的表达。不过一般来说，在一个区域内的建筑的外观设计能告诉我们它的使用功能，甚至还能告诉我们这个区域内日常活动的性质，以及它们是为谁而建的。如果我们通过建筑的设计来比较最初的设计用途和现在的功能用途，我们就可以开始思考那些已经发生的变化。

尺寸

建筑的尺寸及内部单元的尺寸对于判断这个区域为谁而建、目前谁居住其中是非常有效的指标。结合其他线索，建筑和单元尺寸能帮助我们了解区域发展的历史过程，包括社区的生活方式价值、历年来的经济架构以及地方法规。

建筑的尺寸非常重要，这是因为建筑或居住单元的尺寸与居住者的富裕程度、居住者的人数和规模有直接关联。这是一个宽泛的假设，所以谨慎地使用这个假设很重要，要时时掌握其中的限定条件。相比较大的居住单元而言，较小的居住单元通常是为低收入人群、低收入水平的活动或较小规模的家庭和公司建造和使用的。换言之，人们修建房子或租赁房子的大小对应了他们的需求和支付能力。如果负担不起更大的空间，大家庭就会居住在小空间里。当我们见到较大的建筑或居住单元，我们可以就此假设它们是为更富有的人建造的。其他线索有可能支持、修正或质疑这个假设，但这一假设是研究的起点。

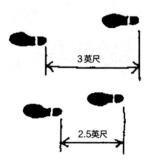

实地观察时，观察者可以大致通过步测建筑的面宽来估算建筑的面积。那么如果观察者能够见到建筑的侧面，并根据面宽估算出侧面的长度，就可以算出平面的面积。如果建筑的侧面是看不见的，那么附近的其他建筑可以作为尺寸参照。

在任何国家，对于大多数类型的建筑来说，层与层之间的高度是非常一致的。一旦你知道了标准层高，那么对非标准层高就很容易做出相应调整。

估算建筑内部的单元尺寸是比较难的。一种方法是用总面积除以单元数量，由门铃和邮箱的数量来确定单元数量。当然这样的方法并不能帮助我们计算出不同单元的具体大小。对建筑做进一步的观察，就能了解内部空间的分隔在何处，一个单元结束而另一个单元开始的地方在哪里，这样可以对单元尺寸进行更准确的估算。

但是我们又如何定义何谓之大，何谓之小呢？测量尺寸本身非常简单，但判断尺寸属于大、小或中等则是另一回事。如同评价建筑状况的标准是好是坏一样，尺寸的判断也带有个人价值。尺寸是大还是小因文化传统而异，有时则是以社区规范来界定的。

从国家、社区到机构都出台了各自的空间尺寸标准，作为可接受的居住质量的基准。由政府修建和由政府资助修建住宅的国家对每个居住单元的房间数量、房间尺寸、每人或每户的空间大小都订立了标准。任何空间的尺寸低于可接受的数值就被认为是过低、太小、拥挤或是不符合标准。在 20 世纪 60 年代，印度总理贾瓦哈拉尔·尼赫鲁（India's Prime Minister Jawaharlal Nehru）曾经提出两间房是该国的最低居住标准。新标准使那些曾经制定了总面积标准的规划者重新回到制图板上去减少新住宅的单个房间尺寸。在美国，多年以来，如果每个房间人数大于 1 就被视为拥挤。从 20 世纪 30 年代开始，美国联邦住宅管理委员会（Federal Housing Administration）就使用最小房间面积标准作为提供住房贷款担保的依据。当一栋房屋正在建造时，如果你知道标准是什么，那么你就有一定的依据来评判这栋房屋或单元是小还是大。

不过，还有更让人满意的方法来推断房屋的大小。如果你知道建筑在建时社区通用的建筑惯例，那就不难判断这些单元是大还是小。这个方法也同样要求观察者提前掌握一点知识，但也可能得是某一条规范才会起作用，而不是什么任意最低标准都行的。了解社区里的住宅通常是如何进行规划布局的，有助于弄清在一个单元里有多少间卧室。通过这一点，就可以估算居住的人数以及服务的家庭类型。但事情总有例外——比如：有很多卧室的住户家里没有孩子，只有少量卧室的住户家里却有很多孩子。但是我们只想知道建筑的预期用途，以及是谁曾经住在这个社区里、谁现在住在这个社区里。

如果这些方法都不奏效，尤其是如果观察者对社区标准和通用管理方法都不熟悉的情况下，还有另一种方法判断大概尺寸——以你的个人经验作为基准。我们都了解自己的以及我们家庭的工资水平、日常生活安排、租金和居住空间大小，我们也记得在人生的其他不同阶段时这几个变量的不同变化。这些个人经验就成为比较的基础，只要谨慎地运用，与所观察到的进行比较，那么你就可以得出关于建筑大小的初步结论。

　　与其他线索相结合，建筑尺寸是能帮助观察者理解一个城市区域甚至整个城市的历史和现状的线索之一。试想一下，将建筑尺寸与建造材料的质量相互关联起来进行观察思考。如果一栋小型住宅或其他类型的房屋设计得相对简单，并采用标准化的建造方式，那么我们可以得出这样的结论：相比一栋类似的、但建造更为专业、使用更优质材料建造的房屋的业主而言，原来的业主修建这栋建筑时不够富裕。

　　如果住宅的尺寸是反映工资水平以及这个社区最早为哪种家庭规模而建的指标，那么对现有居民进行观察，能帮助我们了解这个区域经历了怎样的变化。如果小单元依然为低收入人群所居住，那么说明区内相对稳定；但如果那些单元现在由更为富有的人居住，那么说明这个社区比过去更有吸引力，或者说明这个城市存在住宅短缺的问题。旧金山太平洋高地（Pacific Heights）南坡的维多利亚风格住宅就是这样。那里的住宅尺寸适中，说明最早的居民是中等收入家庭。到了1983年，这个社区已经非常昂贵，高收入人群（其中大部分都没有孩子）住进那些经过细分的单元里。相反地，如果大房子被分成小单元并由低收入人群居住，我们可以判断这个社区变得没那么有吸引力了。又或者整个城市的住宅市场发生了变化，就如同内格立公园在某个时期发生的状况一样。现在内格立公园的那些住宅又好像改回了独户住宅。通过理解它过去的状况，并与现在的状况进行比较，我们便开始了解它所经历的变化了。

有一种情形并不显著，就是在城市中心附近占地很大、规模很大的老宅子，它们曾经集中了非常富裕的阶层，现在却由不够富裕的人居住。因为维修保养标准日渐降低或被细分为多个小单元，又或者因为被置换功能，这些房子的状况经常容易发生改变。虽然许多可见的线索都可能让观察者感觉到这些老宅子的易损性，比如在城市中的区位、建造的年代、设计的品质和最初材料的质量、居住人数以及维护状况等，但与这些线索相比，尺寸这个变量会触发更多的问题和进一步的观察。

从另一种角度来看，尺寸可以成为评估建筑易损性的指标。房屋高度和房间面积与维护费用有直接的关系。如果粉刷一间长和宽均为 10 英尺、高为 12 英尺的房间，相比长宽尺寸相同，但高度为 8 英尺的房间，其涂料多用 40%，这还不包括人工费。对于一个收入有限的居民来说，相对于粉刷和保养一个小房子，对大房子进行的粉刷和维护保养的质量会没那么好，次数也更少。由低收入人群居住的大单元更容易出现保养不善的状况。那么在此情况下，尺寸也是判断房屋状况是否易于发生改变的一个线索。

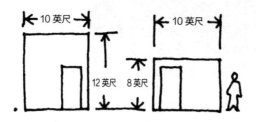

　　非居住建筑的相对尺寸是很能反映一个社区经济构成的指标。这里所说的尺寸不仅指的是建筑的高度和容积，也包括建筑内部租用的或私人所有的单元尺寸。这些尺寸大小是反映建筑物在建时企业的规模大小、已发生的变化以及预期市场对空间需求的指标。以旧金山的板栗街（Chestnut Street）为例，那里的商业建筑大部分都是单层和两层结构，我们一般认为这种高度的建筑算是低矮的。它们的面宽从 25 英尺到 75 英尺不等。旧金山的典型住宅用地是 25 英尺面宽，转角用地是例外的，一般宽至 100 英尺。这些商业建筑并不比住宅宽多少。有些比较高的建筑，上面几层是公寓单元，但没有超过 4 层高的。每栋建筑里有些个体商店非常小，一个报摊或香烟摊可能仅有 10 英尺宽。尽管城市其他地方的人也经常光顾这里的专卖店、餐厅及娱乐设施，但板栗街的商业所服务的人群主要还是当地人。店铺经常有歇业的情况，虽然很多店铺已经在当地存在多年了。

这里的店铺转变不同的经营功能是相对容易的，因为空间单元数量是足够的。但是对于需要占用大空间的商业体，例如超市，就很难找到规模足够的建筑入驻。简单来说，板栗街购物区的建筑和个体商业单元的尺寸说明，这个主要服务于本地市场的经济体是由小业主、小公司组成的。

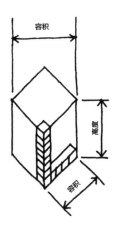

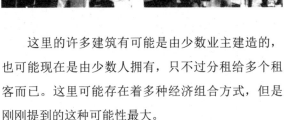

　　这里的许多建筑有可能是由少数业主建造的，也可能现在是由少数人拥有，只不过分租给多个租客而已。这里可能存在着多种经济组合方式，但是刚刚提到的这种可能性最大。

　　曾经有一段时间，旧金山中心区的大部分区域与板栗街不会有太大差别。那里的建筑只是稍微高一点、宽一点而已，其中有些建筑现在依然矗立在

2. 如需了解针对发展规模在各阶段都进一步扩大的案例所进行的一系列精确观察，请参见CLAY G. Close-up: how to read the American city [M]. New York: Praeger, 1973: 88.

那儿。尽管旧金山中心区比板栗街的街区大得多，说明它曾经为一个更大的市场提供服务，但对于这里的许多小业主、小企业家和小发展商，你仍有可能得出相似的结论。中心区总会有些大尺度的建筑，随着时间的流逝出现了一些明显更高更宽的建筑，而且租客群规模也比最早的更大。在任何时候看到的中心区景观皆能显示这种尺度上的转变，反映出业主的构成和城市经济活动的性质的转变，一种从小往大的规模转变。

如今，旧金山中心区的建筑规模反映出这里集中了公司总部、大型业主和开发商，以及极少数个体创业者。大型开发项目的出现显示了有预期的空间需求市场。开发商和业主合二为一常常能满足已察觉到的多样性，尤其对零售和服务功能的潜在需求，例如通过首层引入小商店的方法，这些显而易见是经过严格的设计控制实现的。旧金山市中心在开始发展的时候规模很小，无论是它的实质规模还是它的经济规模，但是它的规模已发生了改变，并且各项变化都相当显著。[2]

工业建筑所能反映出的信息与商业建筑类似。较小的单元说明运营规模更小、雇员少。在极端情

况下，城市里的一栋大型工业建筑就能说明该行业主导了这个社区的经济生活。

　　建筑的尺寸通常也反映了某一社区执行的标准和条例，并揭示出对于居民而言无论过去和现在都很重要的一些问题。高度（通常是允许的最大限高）就是一个好例子。最大限高条例实施的结果常常是可见的：在罗马（Rome）的中心区，私有建筑都不能超过某一高度，许多其他的欧洲城市也是如此；在美国城市中，除了道路交叉口有些较高的建筑之外，大面积区域都是一层和两层的建筑；还有从一个区域到另一个区域，建筑高度突然改变。在一大片区域里，建筑的高度相同通常并不是巧合。限高条例的改变通常会体现在：某个日期前建造的房子是一个高度，之后建造的要么高一点，要么矮一点。如果一栋建筑比周边其他建筑甚至更新一些的建筑还要高，这就是个问题了，为什么会这样呢？为什么不是其他的建筑更高呢？旧金山海滨的芳塔纳公寓（Fontana Apartments）就是一个例子。答案是这个公寓的建造者打破了一个未成文的规定——滨水的建筑高度要矮一点——导致此后的建筑高度成为该地区的一个问题，最终促成了限高条例的出台。老旧的、较矮的建筑夹杂在较新的、更高的建筑之间，体现了对保护旧建筑的考虑，后来这一点也反映在保护建筑的条例中。大多数的建筑高度规定都与某一社区的文化或设计价值观有关，其他的则与建筑材料和使用标准有关：例如在旧金山，混凝土基础上的木结构建筑允许高度可达 40 英尺，对于钢或钢筋混凝土结构建筑也有其他的限高要求。

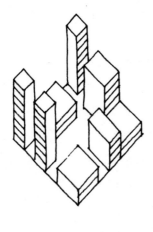

一栋建筑整体的规模受制于用地允许建造的地上空间的法规，这个法规的形成可能与交通、公共服务以及设施的需求有关。由于建筑高度、体积和密度各不相同，这类法规很难在实地考察过程中直接观察到，但在法规影响下的建筑规模或容积通常还是能被有经验的人关注到。此外还有不少其他控制建筑规模的公共政策手段。[3] 当你观察到许多建筑尽管设计和建造年代不同，却有着相同的总体尺寸，或者从一个区域到另一个区域建筑尺寸突然发生改变，你就能感知到是那些公共政策在起作用。那么如往常一样，你会问这是为什么。

可以说，建筑的尺寸是理解历史、变化、社区问题或价值观，以及易损性的一条重要线索。它也是反映建造者和居住者之间角力的强有力指标。

材料和工艺

从建筑外部很容易看到它是用什么材料建成的，我们也常常能猜测内部材料有哪些。我们能观察到的材料加上对它们质量的了解，这些信息可以告诉我们：这栋建筑是为谁而建的，在修建的时候流行什么材料，建筑是否会被继续保留，有没有做大型的修葺工作，是否易受变化影响。讨论的前提同样与经济相关——高质量的材料通常很昂贵，所以有钱人更倾向于使用这些材料修建房屋并居住在这样的房子里。

了解当地的特点——例如非常冷或非常潮湿的气候——对使用的材料有哪些影响非常重要。我并不打算列出所有可能的状况或者将材料和它们的相关特性进行分类，更不必说建造方法了。但观察者应当知道环境因素变量的类别有哪些。这些变量包

3. 例如，旧金山1972年之后建造的高层建筑比其他城市的高层建筑标准层面积更小，这是由于大量的条例作为城市设计方案的一部分被通过了而导致的。

括：地理位置（在中国唐山这样的地震多发区，砖就不是一种高质量的材料）；材料的获取难度（唐山已经不再使用木头做建筑材料，只有当预应力钢筋可用时，钢筋混凝土才能应用于建筑）；工艺的可实现程度（有能够铺设砖的人和能够展示如何建造低矮、安全的砖建筑的工程师）。熟悉各种建筑材料，能够帮助你理解为什么会使用某种特定的材料，被使用的材料能帮助你理解当地的状况。使用稀缺材料可能象征了财富、名望或重要性。

但是该如何定义材料的质量呢？相比复合板或卵石墙，实心的 1 英寸厚原木板是质量更高的材料，但是如何去定义还是取决于环境。沥青屋顶像瓷砖一样，适用于临时建筑或在温和少雨气候下的仓库。何谓之适宜的材料？那就是对于项目而言，材料具备耐用性、适用性，无须过度维护或更新，这种定义虽不大精确但是能解释清楚。在寒冷风大的芝加哥，沥青屋顶就不是一种高质量的材料，如果在这个城市见到这样的屋顶，就意味着房子的居住者很可能是穷人。

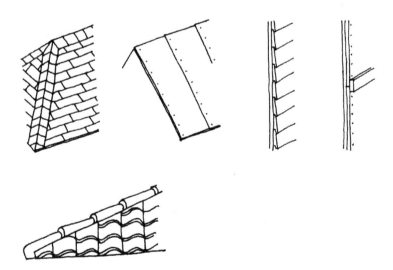

有趣的是，对于建筑材料专业知识了解不多的观察者也常常能分辨出高档和低档材料的差异。薄灰泥看起来与厚灰泥多少有些不同，即便你看不出涂料的厚度；高级的室外复合板看起来就

4. 关于住宅和城市发展部门
（Department of Housing and
Urban Development）的一些
官员是如何看待旧金山贝纳
尔高地区域（Bernal Heights
area）的物质环境状况，参
见CASSIDY R. San Francisco
fights to save face [J].Planning,
1973(6).

是与低档的有差别。将材料的好坏程度与建筑使用者的经济状况联系起来通常并不困难。但对于工艺水平进行测评则困难一些，需要具备建造房屋的常识。一个较好的方法是看看那些应当笔直的地方是否笔直，构件是否紧紧结合在一起。当然，要分辨极好的和极差的工艺还是不难的。

对于城市规划者而言，有关材料质量和工艺的主要考虑还不在于建筑为谁而建或者现在谁住在那里，而在于它的耐久性。三层石板瓦通常都被认为是高档的屋顶材料，但当它们老化以后，维护起来价格高昂。如果将材料的质量与居住者对房屋的维护能力关联起来，就能反映出房屋状况在快速变化下的易损程度。假设中等收入的居住者正经历经济艰难时期，他们会发现维护低质量、高耗费的材料非常困难，那么房屋状况或社区环境可能就会出现衰败，房产可能会贬值。

许多持有中产价值观的专业人士会比我们更加看不上质量较低的材料，认为它们使用寿命不长。我想这是导致很多规划者做出推倒城市某个区域的决策的一个因素。在做出这些决策的时候，区内建筑状况也许还是不错的，却被认定很快将变成贫民窟。4 所以，观察者在材料状况不佳的时候做判断、下结论，需慎之又慎。

设计质量

可以说，由人制造的所有事物都是被设计过的。但在城市环境中，一栋"经过设计"的建筑或建筑群，通常意味着它们是被单独抽离出来并集中力量去对其进行设计。它有可能外观独特，或细节繁复，又或者布局复杂，或与"标准"不同，或出自某位"设计师"之手。我在这里讨论的并不是设计的好或坏，或只是讨论经过建筑师设计的建筑。

在那些标准化的、没有经过特意设计的建筑中，分辨出一栋经过设计的城市建筑通常并不困难。这一点同样适用于大型建筑群或有独特风格的成片住宅区，尽管建筑群中的每一个建筑单体都是类似的。

那么在一个城市区域里有经过精心设计的建筑意味着什么呢？通常情况下，精心设计的建筑会需要耗费更多的经济资源，那么这个建造者肯定拥有这些资源。当然，如果一栋建筑的特殊之处在于它比周边"寻常"建筑略显小，因而造价也没那么昂贵，暗示出它的业主或者租户没有他的邻居那么富有。然而，在任何情况下，通常那些率先对房子进行设计的人，可能是由于他们的价值观、对美感或其他观念上的需求而与邻居有所不同，或者他们可能只是希望以此引起注意而已。

如果想知道那些经过特别设计的建筑能告诉我们什么，那么就有必要专门去观察那些比较特别的情况。在有些城市的街道上，每一栋建筑都不同，每一栋似乎都被单独设计过，那么可以有理由推断出这些建筑都是为收入高于那些标准化房屋住户的人群而建造的。如果这些房屋都维护得相当不错，那么你可以判断出现在的住户也是生活富裕的。如果在设计比较过时

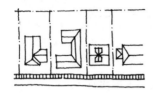

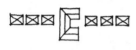

5. 不同的住宅产品可能存在很大的差别，但该案例可能适用于美国的那些大规模的、经过设计的公共住宅，或者那些社会主义国家的被设计过的住宅项目。

的一片住宅区里有一两栋单独设计的新房屋，那么说明这个片区是稳定的，而且大家对于这个区继续保持稳定很有信心。另一方面，如果在房屋都经过单独设计的一片老区里出现标准化的、较小的房屋或公寓，说明这个区居民的收入水平和这里的住宅市场已经发生了转变。很明显，什么样的组合都是有可能的。

那么城市东边的拉维特小镇（Levittowns）的大规模乡村住宅和加州的艾克勒开发项目（Eichler development）是怎样的呢？在这些开发项目中投入的设计工作量是相当大的。我们可以假定这样做的目的是为了节省建造成本，降低销售价格，让更多的人可以买得起。[5] 这些房屋通常比标准化的面积小一些，但经过设计后，空间得到了更好、更有效的利用。很显然开发商考虑到了可以通过空间设计来获得经济规模，并通过更高效利用空间的设计来吸引更广阔的市场。

我们这里大部分关于设计的讨论是以住宅为例的，但同样的观点也适用于非居住建筑。独特的设计通常带来更高的成本，只有在大规模建造时，为了降低成本而进行的特殊"设计"才是例外。

维护及建筑状况

与我们讨论过的其他线索相比，建筑的维护是我们观察建筑发生的变化以及其易受影响程度的线索。因此它能向我们透露社区政策和行动计划是否存在，或者有必要制定这些政策和计划。房屋的维护和现状是有关居民的收入水平和他们对于家庭和邻里社区所持价值观的重要线索。同时，与其他任何一种单一特征相比，房屋维护和房屋状况更有可能被误读，并被用来为不恰当的公共措施做辩护。

观察一栋建筑时，我们看到它的表皮、材料、门窗、部件接口以及栏杆、排水沟、台阶之类的细节。这些细节的状况能说明房屋的维护程度如何。墙漆有可能是光泽如新的，也可能看起来斑斑点点，或者起泡、剥落。应当垂直的墙面可能倾斜了，楼板和屋顶也许不再是水平的了。屋面瓦有的鼓起来了或者缺损了，而不是平整均匀地排布。仔细观察屋顶新补的部分相比原来的是厚了还是薄了，质量更好还是更差。窗框应当与墙的表面紧紧联结；如果不是的话，就会有渗漏的迹象。落水管应当连接起来并倾斜至连续的排水沟，但有些地方可能已经腐蚀或松开，导致水沿着墙面倾泻而下，或顺着地基流走。在地基处找找，会看到裂缝和地陷。新的外墙材料，例如鹅卵石或铝墙板，应当在转角和开口处紧紧地连接。总之，你可以通过致密的接口、笔直的线条发现精细的工艺，否则就是比较粗糙的工艺。

建筑的维护包括许多方面，有些非常重要，而许多方面不那么重要。很显然，它可以让我们对建筑材料有一定了解，在进一步观察建筑并得出更多的推断前对合理的维护标准有大概认识。一大块无装饰的木墙板，即使有不少板材不见了，修理起来也不会特别困难或非常昂贵。观察建筑的状况和维护时，我们应当时刻记住的是，社区里只有极少数房屋才会在某个年份因为某种原因而坍塌，更不用说是因为掉漆这样的原因了。下陷的楼板和倾斜的墙面通常并不意味着房屋明天就会倒塌，所以了解当前的和潜在的危险状况之间的差别很重要。虽然业主们总是尝试找到渗漏的源头进行修补，但在反复失败之后，他们也能接受某位天才的建议："和房子的裂缝和睦相处吧。"当然我并不希望轻视建筑状况或者轻视它作为线索的重要性，但我们必须客观地看待这个因素。

判断建筑现状和维护状况的一个标准在于——考虑材料正常使用老化和损耗的前提下，建筑是否能维持其原有的品质。这一标准可以兼顾有些建筑的质量与整个社区最开始的建设质量就不在同一水平上这个现实情况。观察者应该知道的不仅是最初的质量水平如何，还需要了解建造技术、维护保养以及当地气候对材料的影响。更清楚来讲，一个区的建筑总体状况和单个建筑的状况同样重要。

建筑的业主，尤其那些就住在自己物业里的业主，常常竭尽所能去维护他们的房屋。人们通常购买并居住在他们经济能力所能负担的房子里，或是在买房的时候稍微超出一点他们的支付能力。那么可以判断，大部分情况下，一栋维护良好的独户住宅是由户主自己居住的。如果维护质量很差或没有维护，我们便会怀疑业主的经济状况不佳，或者居住的人是租客而不是业主。租客几乎不太可能对房屋的外部进行维护。即使是一栋独户住宅，业主也可能因为某些原因没跟进房屋的维修工作。一栋精心维护的中等规模（2～10个单元）的公寓建筑，也说明是业主本人居住在此，尤其是如果能看出有人动过漆面或有维修过的迹象时，我们就更能肯定这一点。

我们也可以推断租客愿意在维护良好的房屋居住，并且他们所做的与期望的一致。那么多单元住宅如果缺乏维护，说明租金所带来的收入不足以支付维护的费用，或者业主为了获取更高的利润、节省成本而默许房屋状况恶化，又或者两者兼有。我们通常可以看到维护状况和收入两者之间的直接关联——当其中一个改善，另一个也同样好转；反之亦然。

　　当然，也有例外的情况。在一些文化背景下，房屋的外部维护并不太重要，房屋的内部才能提供重要的线索。生活在那些没有经过粉刷的、掉皮的、有裂缝的墙后面的人们不一定是贫穷的。切记，建筑的维护并不是了解居住者的唯一线索。我曾讨论过建筑的尺寸，也将讨论其他线索。房屋缺乏维护也许说明公众形象对于居住者并不重要，又或者他们更关注私人生活。区分基本的维护和表面的维护很重要。没有粉刷过的墙壁和有裂缝的或剥落的漆面也许并不是那么重要；严重下陷的楼板、缺失或结构腐坏的部件也许更能说明问题。我们需要对此做更深入的观察。有些其他的线索更能说明居住者的收入水平：名字牌，门铃，与灰暗、掉皮的墙壁形成鲜明对比的一个显眼的抛光铜门环，新的或最近才上过漆的窗框；或者正好相反，比如生锈的下水管道、斑驳的墙面。这些可能需要观察者花费一些精力去仔细地看，但是线索总归是一直在那里的。

　　判断非居住类建筑的维护则更加复杂。钢铁厂或工厂在视觉上展现出的良好的维护状态与普通住宅非常不同。不过各类建筑和功能场所显示出来的保养维护的迹象都是相似的。从20世纪60年代开始，轻工业建筑被修建得越来越像住宅或小型办公楼。雇员和社区居民开始期望见到整洁、维护良好的建

筑，特别是在所谓的工业园更是如此。如果某栋工业建筑的功能经过了外观形象包装，那么拥有这样的建筑或者在这样的建筑里工作是一种地位的象征。如果社区里一栋工业建筑的形象是负面的，那么设计控制将会尽量克服这种让人不愉悦的联想，这类建筑常常被装饰得像人们的家一样。如果建筑看起来没有得到适当的维护，观察者就会质疑这个行业是否有前途或者生产商的经济能力是否良好。你只需要看看东帕拉奥托（East Palo Alto）的雷文斯伍德工业公园（Ravenswood Industrial Park）的发展状况，就能够知道那里并不是在蓬勃发展之中。

老旧的工业和仓储建筑维护得好或不好，可能更难观察得出来，尤其是在老一些的城市。似乎没什么必要进行特别的维护，例如：清洗那些旧砖墙上积年的污垢，或给金属窗框刷漆，甚至只是清洗窗户。这些线索可能与一种工业的经济状况是否良好或就业水平没有关系。建筑的结构状况良好——垂直的墙面和柱子、没有下陷的楼板、紧实的屋顶——可能是评估工业建筑承受变化能力的更为重要的指标。你需要了解城市区域中的工业发展历史，再结合其他线索来做判断，例如建筑是否正在被使

用、破窗是否已经被更换等。你也可以尝试去判断，建筑的设计和结构对于正在变化的社会需求是否具有适应性。

对于一个重工业综合体（钢铁厂、铸造厂）来说，最重要的维护线索可以在它的管理区域找到。行政办公室更类似于办公室或者住宅建筑，因此维护的线索也是相似的。

在上述所有例子中，维护的质量显示了业主或使用者的经济实力，也受个人或文化观念的制约。

从一个区域到另一个区域的变化也能够显示出社区现存的问题。试想一下，19世纪末20世纪初就建造起来的一个社区，其房屋用当时可能有的最好的材料、最优良的工艺来建造。如果这些房屋一直维护得"如同崭新的一样"，这显示了居住者收入稳定。如果保持原来那样的品质相关的费用有所增加，我们能够肯定现在的居住者比原来的业主更富有。[6]那些原有结构和材料质量较低的房屋也能维持原有的状况，同样能说明其稳定性。房屋维护得比过去更好或者维修的替代材料较以往质量更好，这些都是社区质量提升的表现，可能是由于业主的收入更高，或是由政府项目带来的改变。如果一个

6.更大的财富可能是以公共决策的形式来动用资源将房产的价值维持在一定水平，也就是说，利用公共财政来补贴私人房产，从而展现出这个社区的价值观。

7.Berkeley Planning Associates,
*Recommended Policy and Program
Options for San Francisco: An
Anti-Displacement Strategy*
(Berkeley, 1980).

8.当我第一次在瑞士（Switzer-
land）从北往南旅行的时候，
途经一条非常长的隧道。当
我们走出隧道时，我对同伴
说："哈，我们到另外一个国
家了，可能在意大利。"我解
释说，这块土地没有被有序地
利用，更多东西都是随处散放
着，地块的边缘也不像北部
地区的土地边缘那么清晰。
我认为这些特征与意大利人
（Italians）的关系更大，而
非瑞士德语区的人（Swiss
Germans）。

低质量的居住区与较好的居住区相邻，那么这个低质量区域就是一个找寻升级迹象的好地方。如果住在低质量社区的人们无法承担物业改善的费用，他们可能会因经济压力所迫，甚至被强制改善环境的政府项目所逼迫而搬离此区。士绅化的过程很难用数据图表的形式表达出来，但通过仔细观察，经常能预测到这种可能性。[7]

改变可以朝许多方向演变，这取决于变量的数目。一个维护良好的区域，加上新建的建筑和低空置率，说明这里的房屋市场需求很大。在某个特定时期，区内有大范围的维修保养工程，说明这是社区出资或社区要求改善。统一的外观可能是因为某个优秀的销售人员带着最新的产品（如人造石）在合适的时间来到社区进行推销并成功了。大型的修复工程明显看得出有公共基金的介入，包括在居民无力承担改造的区域，对屋顶、楼梯、墙面、窗户和漆面等进行翻新。最新的改变通常不难观察到，但仍需要与其他相关的变量一起考虑，从而理解区域的动态变化。值得一提的是，这类变化信息很少能从其他渠道获得。

土地与景观

与建筑的维护一样，对待院子和用地的方式，也是反映经济状况、族群价值观和其他问题的指标。[8]观察者能看到室外空间如何被广泛地利用，以及被谁利用。磨损的地方意味着使用频率高，也许是被孩子们或宠物使用的。室外烹饪设施显示着一种特别的生活方式，滑梯和游戏设施表明家里有孩子。铺平了的前院表明首要考虑的是容易维护。有些人并不

看重房屋周边的土地价值，就会铺平或忽视它，但铺装也是一种景观设计。每100平方英尺的草坪就装有4个自动喷淋头，说明屋主爱惜草坪，但并不想花费大量时间亲手浇灌。

一般来说，不常见的树种和植物、专业的景观种植与更高的收入水平是相关联的。但园艺其实是所有收入阶层的人都喜欢的活动。低收入者的院子也可以像富人的院子一样，很好地进行景观美化和精心维护。然而，通过许多案例你会发现收入特征还是非常重要的。

许多租赁和共有物业的开发商和管理者都相信，集中式的景观绿化是一个卖点，维护良好的室外空间能带来更高的租金。有时的确需要花点精力看看景观质量是否与房屋质量相同。假如一个新项目的景观质量明显比房屋质量更好，那么景观在销售期结束后慢慢恶化也不是什么让人吃惊的事。

公共住宅周边的用地维护情况是一种指标，显示出它对于管理层来说是否重要、运营机构的财务状况好坏以及业主对于自己家园的态度。景观维护基金通常是面临预算赤字的时候首先被减去的支出之一，但也有不少相反的案例。在克利夫兰（Cleveland），欧内斯特·博恩（Ernest Bohn）在任期间，对于公共住宅项目的环境设计和维护比大多数私人开发项目要好得多。博恩相信，创造好的景观环境是一种能够提升普通住宅设计的相对低廉的方式。20世纪50年代，租客在住宅的门廊周围种花甚至种菜都是很平常的事，这说明租客与管理者之间、租客之间都有着积极正面的关系，并且租客对于居住在此有着美好的感受。至于环境景观被管理者或公共住宅、私人住宅的租客所忽视的例子则不胜枚举，这也同样显示了人们居住在那里的感受。

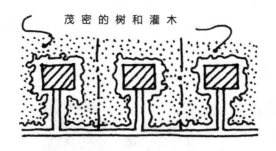

茂 密 的 树 和 灌 木

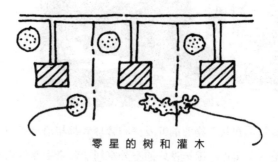

零 星 的 树 和 灌 木

你可以通过在一个社区所见到的各类景观布局推断邻里之间的交流方式，甚至有可能推断邻里对彼此的好感。将树篱、树木和花圃进行布局后，能让邻里居民间的交流变得容易或变得困难。

园艺种植能促进交流或使之更尴尬。通过景观的特征和设计，我们能猜想人们是否很有可能定期地相互交谈，"很有可能"是关键词。

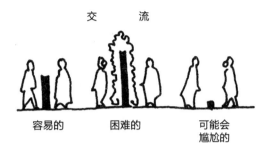

建筑和土地的用途

我们观察土地和建筑所构成的功能用途，并自动地从中提取信息，但我们也许并没有意识到自己正在这样做或者这样做有多么重要。商店向我们展示能买到什么；酒店告诉旅行者有住宿和食物提供；中等收入人群寻找住宅时会避开紧邻铁路站场的区域。我们无须找出土地用途等线索就能知道这些信息。通常我们并不能直接看出一处土地的用途，但某些线索能让我们得出结论——人们在这里工作、买卖还是居住在这里。有时我们也能直接辨认出土地的用途，人们在商店里或露天市场买卖东西、小孩正在玩耍，还有各种迹象能说明场地正在发生着什么。

土地的用途能多少反映一个区域的活动特点。地块的大小显示出那里能容纳很多还是很少人在那里活动。一个购物中心的规模能说明来这里购买所需物品的人们来自多大范围的区域——也就是说，购物中心是面向本地市场还是面向区域性市场的。如果人们来自很大的区域范围，那么你可以问一问他们是如何到达这里的，进而想一想交通容量。一个区域土地用途的多样性，再结合规模大小，可以透露出更多的信息。

缺乏某些功能用途，也能提供许多信息。如果一个区域没有商店或没有某一类商店，那就得问一问人们去哪里购物，他们是否开车或者是否有公共交通可以到达购物地点？如果他们使用公

9. 根据有些社区标准，规定每英
亩有2个或3个居住单元，那么
这并不属于低密度。但如果被
考虑作为"城市"标准，我认
为一个区域的密度必须是居住
用地每净英亩内至少有15个居
住单元。

共交通工具，他们就不能一次买太多东西。如果缺
少公园，那么说明公园对于这个区域的人们来说并
不太重要，或者也可能是这里需要一个公园但没有
足够空间，或者政府没有理会这种需求。

在一大片区域内，土地的用途有可能是相同
的——比如区内全都是住宅，甚至全都是独户住宅，
或全都是商业建筑，或者住宅和商业混杂在一起。

在某一都市圈或城市的某个角落，经济的多样
性或单一性通常是可见的。这种可见性，再加上观
察者对于经济发展和用地模式的了解，便能推断出
区域是相对稳定还是易受影响的结论。某个社区有三
卧室的独户住宅，或是每个单元有一到两个卧室的 6
层公寓住宅，它们能容纳许多不同类型的人：这就是
空间的适应性。但能够非常肯定的是，这样一个统一
的社区原本是为某些人群或有限范围内的潜在住户
而建的。如果现有的住户与原定的目标人群差别甚远，
那么我们就要问问为什么。功能单一的办公区意味着
在这个地方工作的人们对交通设施有需求，我们也能
猜得出在晚间或周末那里很少有活动或没有活动。社
区的某些部分显示出强烈的意愿去增加更多的活动，
使这个社区在整个星期内都是"有生气的"。

很明显，土地用途的组合和布局的可能性是数
不清的，在某些特定环境下它们产生的影响也很大。
重要的是去理解建筑的用途都是可见的，而且它们
组成了很多有意义的线索。

一种功能用途的相对密集程度，即一片土地上
这种活动的数量，通常是可见的。人口密度与功能
用途的密集程度是相关的。一片人口密度低的城市
居住区，也就是每 50 英尺 ×100 英尺的地块上有 1
个居住单元，[9] 与每 25 英尺 ×100 英尺的地块上有

3 个居住单元相比，其差别是显而易见的。仅仅是看到了这些，我们就能知道前者的购买需求市场将比后者更小，相应的交通方式也会不同，公共交通对于后者而言更具有经济可行性，诸如此类。两者的家庭规模可能都一样，但居住者的生活方式就不尽相同了。低密度区域拥有更多的土地以满足居住者的需求，同时也需要更多的维护。业主自住会更倾向于选择低密度区。相比低密度区居住者来说，高密度区的居住者不得不或者希望在远离家的地方满足自己更多的娱乐需求。所以，两者的生活方式就有差异，无论是生活的次要方面还是主要方面。

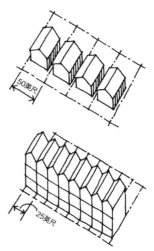

类似地，对于非居住类的开发项目，其可见的密集程度也反映了在可达性、交通和相关服务方面存在什么需求。有些需求是很明显的，例如运输、停车、治理拥堵、警察、街道清洁。

非居住类的功能类型通常是可观察到的，还能告诉我们社区的经济基础以及该区的相对稳定性。匹茨堡（Pittsburgh）早期经济的发展重心是重工业，制造厂、工厂和黑烟都随处可见。这里现有的

办公楼、银行、研究机构以及轻工业说明功能有了多样性的发展，但对依然可见的旧工厂的依赖仍然非常大。匹茨堡的奥克兰地区（Oakland area）是教育、医疗和文化机构的所在地。旧金山渔人码头（Fisherman's Wharf）的商业发展依赖的是旅游者而非渔业。在帕罗·阿尔托地区（Palo Alto area）见到的非居住功能与电子业有关。拥有灌溉系统和农场的莫德斯托（Modesto）很明显是农业基地。意大利的奥维多（Orvieto, Italy）则与酒业和制陶业有关。

非居住功能的性质对于了解可能住在附近、住在城里或就住在旁边的各类人群来说是一条线索。旧金山湾的电子业和计算机企业从底特律（Detroit）的福特公司（Ford Company）聘请来各类人才，还从华盛顿特区（Washington D. C.）请来曾在政府部门工作的人。如果我们假设这些雇员倾向于尽可能居住在自己工作地点的附近，我们就可以从当地就业资源来判断居住在附近的人群。当然，人们并不是那么愿意与某些产业为邻，某一项产业经济活动越是对环境不友好，有足够财力的人就越是有可能住在远离这里的地方。

土地用途的改变也同样能透露很多信息。在第5章里，我会将"改变"作为一种现象广泛展开讨论，但在此之前先对以下这些案例进行思考。曾经的独户住宅被改建成多户单元住宅，显示了住宅市场、居住在此地的人群以及生活方式的变化；原来是住宅的建筑，现在内设办公室或者商店也显示了一种显著的改变；原有工业仓库改建成居住单元，说明对于住宅的需求远大于对工业厂房和仓储的需求；把看护院设在原来的独户住宅内，说明当原先的业主想离开这个地方时，他们发现很难将房屋继续以住宅的方式转卖给他人，也说明这里没有法律条文或社区条例禁止改变房屋的用途。

土地用途的转换和新用途会显示出目前存在或将来可能出现的问题。一栋新的购物中心与区域里同样类型的现有商业设施毗邻，会不禁让人产生疑问：市场是否正在扩张？这两个购物中心是否都能存活下去？一直以来，新的大型购物中心的建设，都是衡量旧的市中心商业区经济下滑或者在短时间内是否容易受经济下滑影响的直观指标。观察新的开发项目时，观察者会对它们的市场以及它们对附近类似的土地用途可能产生的影响提出疑问。这能为研究中可能出现的社区问题提供一定的思路。

我只涉及一个大问题的皮毛而已：土地和建筑的可见用途能告诉我们这个地区的动态发展。我的意图并不是要了解所有内容，而只是将土地使用看作一项重要的指标来了解一个城市区域曾经是怎么样、现在如何以及未来将要发生什么。

特殊用途的建筑

单一的居住区、商业区或工业区非常少。在这些区域的某个地方，人们总能看到教堂、消防站、学校，甚至体育馆。这些功能大部分是公共的或半公共的，它们通常非常显眼。

这些建筑上通常刻有建造的时间，它可以作为线索了解周围开发建设的时间。较老的公共建筑可以告诉我们早前的开发项目是为谁而建的、现在谁居住在那里：学校意味着这里的家庭是有小孩子的；天主教堂（Catholic）说明这里的居民是信天主教的；斯洛文尼亚（Slovenian）建筑意味着这里有南斯拉夫裔（Yugoslav）的社区；青年会俱乐部是附近有大学的标志。稳定性或改变可能都很明显：一所学校可能和住宅的建造时间一样久远，并且一直还在使用，或者是空置的，或者已改做其他用途，又或者它是新建的；一座教堂可能有了新的名字，或提供不同语言版本的介绍；一座消防站可能已经关闭了。无论这些改变发生在过去还是现在，

它们都可能是了解邻里社区的影响以及它易改变程度的线索：大多数人都对有一座社区图书馆而高兴，但没有人希望周边有一座体育馆或污水处理厂；当一个大学打算扩张的时候，城市居民和学术团体的争议也会随之而来；小型警察局的造价可能太昂贵、不经济，但在一个高犯罪率的区域，居民会要求建造一座来加强警力。

装饰陈设

我把建筑的细部称为"装饰陈设"。与其他建筑的大部件一样，装饰陈设可以提供信息。装饰陈设通常是实用的，常被房屋的居住者添加于结构之上，它们有助于验证或驳倒观察者的假设。能作为线索的装饰陈设，其数量和种类几乎是无限的。我将简要地列举和讨论那些我在实地调研时发现的最有用的指标。

路标和房屋门牌号码能说明这个区域与某一起点或城市中心的相对位置。通常越远离城市中心区的街道编号越大。编号还能显示出随着时间的推移这里曾发生过的出乎意料的变化：一串连续的编号突然中断了，数字要么只剩一半，要么不见了；一串连续的编号，例如 456 后面是 456A，意味着在街道的房屋已经编完号码之后又新加入了一个居住单元。

房屋门牌号码的字体有可能反映出业主的个人风格或时下流行的风格。它们清晰可见的程度可以显示出这里的居民对于那些寻找房子的陌生人提供帮助的热情程度。数字的风格、位置、是否显眼、使用时间长短等因素也可能是当地管理的结果。在辛辛那提（Cincinnati）社区，房屋的风格和建造年代各不相同，但房屋的编号却使用了崭新的统一颜色和大小的海尔维提卡字体（helvetica-style），这点是反映社区最新决策信息的线索。

邮箱和门铃通常会显示出一栋房屋内的单元数量，让观察者可以通过总建筑面积除以单元数量来估算出每个单元的大小。新的邮箱和门铃暗示建筑内部的单元数量增加了。从邮箱里取件的便利程度以及它是否上锁，说明了这里的安保问题是不是受到关注。

住户的名字牌能反映这个区域的种族构成，以及某一少数族裔的聚居地的起点和终点。旧金山的学生用这点作为判定中国城边界的一个指标。当名字牌上面有两个或更多的姓氏出现时，它也是判断某些住宿安排的线索。在一栋建筑或一个区域中，人们可通过名字牌分辨出专业机构和商业机构的类型，例如"香港进出口公司（Hong Kong Import-Export Co.）"或"约翰·路易斯，律师（John Lewis, Attorney at Law）"，还有那些在看起来像是在住宅的建筑里进行的商业活动的类型。名字牌，例如"安德森之家（The Andersons）"，显示出居住者对于他们家族和社区的姓氏引以为傲。将自己的名字写在家门口的人肯定是不怕被认出来的。度假用的房屋通常也有自己的名字，例如"海洋微风（Sea Breezes）"。

长久以来，格栅、铁格窗、警报器以及家居警示标志都是反映当地居民关注安全和犯罪问题的标志。只有当人们认为犯罪是区内的一个问题，才会花钱将这些设施安装在窗户和门上。观察者应观察这些设施集中在哪里以及分布特点——一条街道有这些设施，而另一条街道没有，第三条街道的一个角落有而另一个角落却没有——还有它们到底安装了多久。这些因素可以让你推测出治安问题发生的地点和紧迫性。在有些区域，窗户上的张贴物显示出区内已经组织起来对抗这些犯罪问题。"小心有狗"的告示牌和篱笆也是一种标志，起同样作用的还有电视监控安保系统和泛光灯。

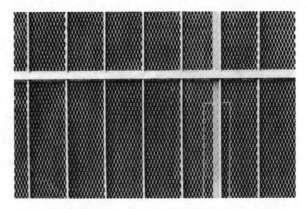

但这些线索也可能会误导人们。一旦建筑内安装了保护设施，它可能就不会再被拆除了，即使问题已经不复存在。如果没有发现这类线索，也并不意味着这里没有犯罪问题。居民可能支付不起安装这类设施的费用或觉得这类设施让人讨厌，或者有相对隐蔽的威慑在起作用，例如集中的警察巡逻或私人监控摄像头。

草坪、阳台、走廊的物件——玩具、篮球筐、自行车、草坪家具、烹饪架、草坪装饰和晾衣绳——能告诉我们什么样的人住在这里。这些物件的使用时间、品质、现状、耐用程度都是构成场景的一部分。玩具当然暗示了家里有小孩子，玩具的类型让人可以猜出小孩的年龄。在美国，公寓阳台上的自行车说明家里有十几岁的小孩或年轻人，还说明室内的储藏空间不够。在美国的高收入社区，晾衣绳是极少见的。晾晒在绳子上的衣服显示着居住者的工作类型或生活方式。而那些很偶然才能见到的装饰品，如果不看管就很容易被偷走的话，那么它们的存在就是一条线索，说明居住者并不特别担心会发生小偷小摸和故意破坏的行为。

在有些地域，社会阶层和宗教信仰与装饰性陈设之间似乎有着很强的关联。[10]老鹰、殖民风格的灯柱、生锈的告示牌和独特的邮箱更容易出现在那些社会和经济地位最近得到提升的新贵家庭，而不太会出现在那些旧贵族的家里。

汽车也是容易误导人的线索。尽管很容易看出它们的尺寸、使用时间、制造商、相对价值、状态和保养情况，可是变量实在太多了，让人很难将它们与车主的类型直接关联起来。你并不需要非常富有才能驾驶凯迪拉克（Cadillac），而有些真正富有的人反而只是开一辆小型轿车。你在美国的中西部会比在旧金山见到更多的标准规格的美国制造的汽车，而在旧金山，小型进口汽车则更普遍，但这并不能说明更多关于辛辛那提胡桃山地区的情况。不过你能发现居住区的小汽车数量与住宅单元数量是有关联的。通常，卡车和露营者所展示的是对生活方式的理解，摩托车通常与年轻人有关。在后院和停车库里见到有人正在维修汽车是有可能的。

一栋房屋的窗户可能是干净的、脏的或是介于两者之间的。从窗户的状态是完全有理由能看到些什么的，尤其是跟其他指标联系到一起的时候。但窗户是否会定时进行清洗，更多是由文化决定的，

10. DUNCAN J S. Landscape and the communication of social identity [M]// RAPOPORT A. The Mutual Interaction of People and Their Built Environment . The Hague: Mouton, 1976.

或者是一种当地的习惯而非其他原因。在印度，窗户通常不会非常干净，或者像是被脏水洗过一样。在爱尔兰的科克郡（Cork, Ireland）人们会把窗户擦得锃亮，即使是很小的破房子也都如此，但在都柏林（Dublin）情况又不是这样了。在美国，干净明亮的窗户似乎是中高收入阶层区域的一种标准，但对于最低收入阶层的区域就并非如此，特别是那些人口流动性很高的区域。当房屋本身处于较差的状况、居住单元非常狭小、商业处于经济末端、街道非常拥挤、公寓空置严重、窗后挂着临时的百叶窗或窗帘时，见到肮脏的窗户并不会让我们感到惊讶。除了同性恋以外，男性比起女性更不可能去擦窗户。

窗帘和百叶窗又是另一回事。一个中产阶层的母亲不太可能把印度马德拉斯棉布做的床单随意地挂在窗户上，除非那是她住进这栋房子的第一晚。用临时的材料和凑合着挂点什么做窗帘的方式通常意味着居住者是低收入人群，他们并没有打算在这个社区安定下来。低收入人群用不起精美的、细条的软百叶窗帘，而年轻的专业人士则喜欢使用时尚的、设计师品牌布料做的窗帘，上面可能还印有设计者的名字和品牌标志。如果挂了窗帘和百叶窗帘，那么就能从面料、风格以及悬挂窗帘和百叶窗帘的方式看出这个区域居民的一些特点。还有窗户上的遮阳设施，它们一旦被买回来挂上了，通常很长时间都不会更换。

我们假设使用时尚的布料、流行的百叶帘以及木百叶窗的都是喜欢时尚的人们，也可能是最近刚搬入单元的住户。没那么时尚的布料和设计则通常说明住户是上了年纪的人，他们有着传统观念、生活也更为质朴。其实这样的线索有一定欺骗性。过去，

所有人都"知道"蕾丝窗帘，那是必须在窗帘撑棚上用钉子固定住才可以晾干的一种布料，通常在中产阶级和中低阶层的家庭使用。合成纤维布料和流行时尚的回归，让蕾丝窗帘在20世纪80年代又重新流行起来。因此我们不可能就此来判断居民的收入水平。

如果整个地区的窗帘都是很相似的，那么这点有助于确认这里存在社会同质化现象。如果窗帘的风格和质量具有明显的差异，则暗示出这里是混合的人口构成或者有新的居民正在搬入这里。

在一栋有着多个单元的建筑里，通过确认相同窗帘的窗户数量有助于判断和确认单元或房间的尺寸。然而，有时候居住者并不能控制观察者从外面见到什么；物业管理者有可能已经事先提供了窗帘，或对窗帘的颜色和其他特征进行了规范要求。

有时你能见到家具和其他室内装饰，它们总的来说能提供与窗帘类似的信息。只要对家具、书籍、艺术品以及摆设方式稍有了解，观察者就能判断居住者的收入、年龄和生活方式。

电表和水表必须装在读表人容易看到的地方，所以有时在大街上就可以见到它们，然后就很容易判断一栋大厦有多少个单元，或推测出谁在支付这些费用。旧金山中国城（Chinatown）的一些住宅并没有明显的门铃或名字牌来透露其居住者的数量。但如果你见到后门的里面有40个电表，那么就可以知道户数，并且估算出居住人数。电费和取暖费都是不包含在房租里的，这点也是非常清楚的。

被接入大厦的电话线和电线是了解内部单元数量的另一条线索。如果有若干根电线被接入一栋看起来像独户住宅的房屋，那么这栋建筑很有可能已经被划分为多个单独的房间提供给寄宿学生，或作为商务办公室了。在更老一些的区域里，越过头顶的电线没有了，说明某个群体想办法将它们埋入地下了，这可能是社区或邻里居民努力争取到的结果。

在一条安静的居住性街道上安装了明亮的街灯，可能说明这个居住社区有治安隐患——在这种情况下居民经常要求有更好的照明——又或者这里已经通过公共工程项目把原来的路灯替换了。维护良好的旧街灯或是新设计的灯具说明社区为街道照明投入了不少力量。

告示牌是了解环境最重要的线索之一，它们的作用就是告知信息，这点无须多作解释。尽管如此，有时候它所传达的信息要超过上面的文字、数字或图片。"待租"和"待售"的告示就是很好的例子。它们不仅提供了市场上在售物业的信息，也清楚地

反映了这个区域的房屋周转率很高的事实。告示牌的状况——如"已售"的字样写在一个新牌子上，或者一个又旧又脏的"待售"的牌子——都说明了物业周转速度的快慢。如果你了解一条街道上有多少户，以及这些居民搬入搬出的频率，就能很容易得到一个合理的判断：这五六块"待售"的告示牌是否能说明某种趋势，还是只是一个没有什么意义的数字。

针对驾驶者的告示牌，例如注意儿童安全或关于停车时限的告示，能说明附近一带的现状和问题。如果每个十字路口都有停车标识，意味着这里曾经有过交通问题；或者如果这里交通量并不大，则说明这里有非常有效的社区管理委员会，它们对车速问题关注很长一段时间了。禁止停车标志、单行线标志以及绕道标志——所有这些标志都说明了交通的状况以及这里的社区是如何应对这些问题的。

公共信息标志和告示栏显示了文字之外的许多信息：这个社区有多么活跃？有谁正在寻找什么？居民是谁？这个区域只面向本地人还是面向更大范围的社区人群？

涂鸦的出现通常暗示着青少年在附近活动。它们表达了与写下涂鸦的人有关的问题，这些人常常觉得自己被社区边缘化。

商业标识能透露的信息比它直接提供的信息还要多。一条破烂的横幅暗示这是一个缺乏维护的、提供廉价食品的地方，而不是一个环境良好、昂贵高级的餐厅。标识牌显示出商店的年龄、服务的顾客群、业主的经济水平和价值观、业主是否为本地人，以及社区对于告示的尺寸和样式是否有限制或缺乏限制。标识牌显示出购物场所为谁服务——男士、女士或是某一类人。[11] 需要留意观察标识牌的特征，

11. LYNCH K, APPLEYARD D. Signs in the city [M]. Cambridge, Mass: MIT Press, 1963.

12. LOFLAND L H. The modern city: spatial ordering [M]// PROSHANSKY H M. Environmental psychology: people and their physical settings. 2nd ed. New York: Holt, Rinehart and Winston, 1976.

包括：设计风格、现状和维护情况、材料、使用年月、尺寸，当然还有使用的文字和符号。

人

　　心理学家和其他学者都曾建议，如果只是看到别人就对他们下结论的话，务必要谨慎。"穷人是那些居住在城市某个部分的人们，而并不一定是那些穿着最破烂衣服的人们……妓女是那些独自站在台德莱恩（Tenderloin）街头的女人，而并不一定是那些穿着暴露的女人。"[12] 这话也算公道，但你如何知道这里是台德莱恩呢？也许从某种程度上是因为见到若干独自站着的女人穿着即使不暴露也能吸引人的注意，从而知道这里就是台德莱恩。对人进行观察，这对于做出假设很有帮助，有些假设比较肯定，有些则需要经过小心谨慎的推测。

人们的年龄、种族和性别是判断谁住在这个区域、谁是常客的明显标记。不过我们还能列举更多这样的标记。例如衣着风格能显示他们的兴趣、生活方式以及经济水平。虽然时尚一直变化，但也不难区分昂贵的与廉价的、时髦的与保守的、白领的与蓝领的衣着。无论是像警服那样正式，还是像股票经纪人衣着那样不正式，制服都透露了人们所在的行业。在旧金山的钻石大街和第24街，中年或更年长的女性身穿样式简单的羊毛大衣，头上戴着帽子，脚下穿着舒服的黑色低跟鞋，她们的年纪和衣着风格说明这个区域的居民收入是中等水平，以家庭为生活重心。通过衣着和修饰，再加上其他线索，可以判断卡斯特罗街（Castro）和市场街（Market Street）上的男人是同性恋。在这样的文化背景下，熟知情况的观察者还能看出其他的不同之处。

人若是处境窘困，总会以这样或者那样的方式呈现出来。在一个区域如果见到一位心智或身体障碍人士出现，并不能说明什么，但如果见到许多这样的人，则意味着他们在附近居住或工作。区内可能会有设立教养院或者工作坊的需要，而这点可能会成为社区内的一个问题。

商业区

商业作为信息的来源是非常重要的，不仅因为商业的各个组成部分，还因为其特殊的土地利用高度集中的特点。与一条居住性街道或一个工业区相比，商业区的线索和活动高度集中，更能够充分地展现一个区域，因为那些变化更容易被看到，而且人们也聚集在此。

观察商业区时，我会从个体商铺和摊档这个层面开始，然后扩大至街道的层面，间或又回到小一点的单元进行讨论。最终，我会讨论商业区的各种类型。

个体单元

要在一间商铺或其他商业设施找到信息是没问题的，而这也正是你要做的事情。有用的信息包括：摊档的类别（售卖什么或者提供什么服务）；提供的物品或服务的质量；空间尺寸、平面布局和展示方法（包括固定装置）；场所的年限；货物标签及完整性；维护的水平；工作人员和客户的类型及人数；还有一些细节，如广告牌和安全设备。所有这些都很重要，所有要素都是相互关联的，它们共同展示了所在区域的状况。

线索的组合及其含义都是具有无限可能的，但信息本身是相对直接的。我们来看看下面的例子。人们通常喜欢在离家比较近的小商店买日用品，所以有杂货店通常说明居住区就在附近。一间大型百货店需要更多的人口数量来支撑它。如果一家大规模的百货店附近没有停车空间，那么它一定是为附近高密度居住区和办公区服务的；否则，这家商店不可能维持太长时间。

商店内的商品或提供的服务能透露出它服务的人群是怎样的，无论他们是否住在附近或来自更远的地方。高价的商品暗示着高收入的客户群。一间少数族裔书店说明有着一个庞大的、散居的少数族裔群体，也可能附近有或曾经有一个占主导的少数族裔群体。而自助洗衣店就是为附近社区居民服务的。

如果社区内有若干经营成功的老店铺，则说明了区内的稳定性。一间商店经营了多长时间，可以通过固定设施的类型、特殊的标识牌（如"始于 1960 年"）以及库存商品来判断。商品的橱窗展示和店铺的内部设计能显示出这门生意在这里已经做了多长时间，它是否在努力跟上潮流。新商店说明存在变化，还传达了一种满怀信心的感觉，至少业主自己满怀信心。一个库存少、商品种类又杂七杂八的商店，可能是一个刚开业的从售卖鞋带开始的、小本经营的新商店，或者店主对市场前景缺乏信心。假如店里只有一个店员坐着，店里的商品既旧，数量又少，说明店家只需要支付很少的租金或者他本身就是店铺的业主。那么我们会猜测这个地方对商铺的需求不大，我们还能判断商铺的生意是否繁忙。商店的标志牌可以是手工制作或者由专业人员制作，由此可以判断它是否是连锁店的其中一个分店。店名也能显示出稳定性 [如 "美国银行"（Bank of America）] 或者透露出建筑最早的功能用途 [如 "肉类市场咖啡店"（Meat Market Coffee House）]。甚至，没有店名也是一种线索。商店门口的保安和夜晚门窗外锁着的铁格栅显示出对治安的担忧。而摆在街上的货物则说明了相反的情况。每个案例中暗示的信息都是相当清晰的。

还有一种类型的商业设施特别能说明问题，那就是房地产公司。橱窗里的图片显示出哪些房屋和商铺正在出售，还标有价格，有时还会展示地区的历史地图和街区的照片。那么，你也能判断有关这个业态本身的信息——这家房地产公司是否已经在这里存在很久了（店员都爱这样说，以显示它的稳定性），或者看起来像是新开业的，又或者快要倒闭了。

商店的大小、所售商品或服务的性质、价格，加上周边地区的其他特征，能说明购物者是否是当地人。通常来说，越大的商店需要越多的人口来支撑，因此越不可能只为周边社区服务。商品或服务越专业化（例如劳斯莱斯展示厅），而且价格越高，那么它服务的区域就越广。而一家单独的商店，专门售卖昂贵、时尚的服装，如果它是一个小商业区里的类似商店中的一家，那么它很可能是为当地市场服务的。对于所有这些案例，放在更大的背景下去思考，则更有助于理解这个区域的动态变化。

商业街

在一个区域里，商店和服务业通常是不会单独存在的。在较老的社区里，商店总是集中出现在一条或多条商业街上。在街道这个层面，你可以发现商店或服务的类型都呈现出多样性，例如：商店是为本地或更大范围服务的、商店规模的大小以及入口的方向；还有街道的现状和维护情况、街道上的人数、是否提供停车位、通道，以及公共设施改进的性质。在街道这个尺度层面，变化是最容易被看到的。

商店的多样性显示了客户的类型和服务的活动类型，还有在某种程度上它是为本地市场还是为非本地市场服务。什么是本地的？这当然要看观察者怎么定义。相对于一个城市来说，本地就是指紧邻的周边社区；相对于整个大都市圈来说，本地是指所在的城市；诸如此类。我所说的本地，是指紧邻的周边社区。一个购物区是面向本地还是非本地，界限并不总是那么清晰。有些商店既为周边的人群服务，也为远道而来的人群服务。尽管如此，不同类型商店的混合以及某一种类型商店占主导，通常都是可以观察到的。

如果一条商业街上的店铺和服务是面向本地的，那么它们的性质就是一条重要线索，可以用来判断居住在附近的人群的类型。如果商店使用的是与少数族裔相关的店名、挂着用不同语言书写的招牌，那么明显说明周围的人群是少数族裔。如果所有店铺都售卖同样质量档次的商品，那么居住在这个区的人群的收入水平会比较一致。如果区内相同类型的商店里价格水平各不相同，例如廉价的和昂贵的杂货都在售卖，说明这里混住着不同收入水平的居民，尤其当两种类型的居民都在这里住了相当长时间的话，情况更是如此。

你通常可以直接感受到一个区域的维护质量的好坏，尽管有时候要准确描述出来并不容易。在哥本哈根（Copenhagen），斯托耶大街（Strøget）（主要商业街）的一端所售卖的商品类型和质量，与另一端的有差别，而且商店的品质和建筑的维护也非常不同。通常，不同商业街上的商店的建造质量也是不同的。这些差异透露了区域内的经济状况，进一步引申的话，还有它们所服务的人群状况。

街道上人和车的数量以及公交巴士的频繁程度能显示这个商业区有多么繁忙，也显示出这里的经营状况有多好。人越多，生意越好。

在较老的商业区，有一个城市公用的公共路边停车场，说明这是为了满足变化的购物习惯而设置的——也可能是由于公共交通客流量的减少而产生的——以便保持与新购物中心抗衡的竞争力。它的出现也反映出本地商会的政治手段，它有能力说服政府发展这个停车场。

区域范围内的街道改善，例如种植、横幅、风格一致的标识设计、装饰性灯具，显示出商人团体或这个政府的行动力。无论如何，它们都显示出为改善或维持这里的生意，或应对已经感受到的经济下滑所做的种种努力。

反映变化的指标常常是显而易见的，透露了周围区域以及商业区本身的信息。新的商店在较老的商业环境中发展起来，显示出社区有更新升级的压力，也有可能搬入了新的（更年轻的、更高收入的）人口群体。一小部分老旧的、被边缘化的商铺在许多新的商铺包围下还经营着，说明它们依然生效的租约价格还是有利的，但可能也维持不了多久。最近空置店铺的信息非常清晰地说明：有商家搬走了，这对于那些还维持着的商家不是什么好兆头，当然这取决于有多少商家已经搬走，以及多久前搬走的。租客的类型从一种转变为另一种，商业规模的扩大或缩小，显示了商铺需求市场和购买者需求市场的相关情况。当公共事务办公室或社会机构占用了原来的沿街商铺，通常意味着商业区正在衰败。

商业区扩张的迹象通常可以在商业区的边缘找到。商业区或附近居住区的街道两边出现的新商铺或新的路边停车位，都是商业扩张的迹象，也是居住区容易受改变影响的迹象。在一条小路上，紧邻着一条商业街的住宅不如小路另一端远离商业街的住宅受欢迎。这类房屋的状况显示出它们相对的受欢迎程度，以及房屋的需求市场。如果建筑的关注点是在商业区域边界和停车场设置这些细节上，反映了发展商有多关注与相邻物业的业主的关系，以及两个利益主体之间政治的相对优势。

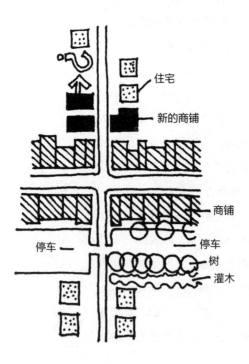

商业中心

用来描述各种商业中心的通用词语有很多，如社区或区域中心、大型购物中心、商业街、封闭式购物中心等。通常不同的术语与其所服务的市场规模关系更密切。一个便利中心通常比较小，只提供有限的商品和服务选择，包括杂货店、自动洗衣店和银行，也就是说它们只为紧邻的社区服务。区域商业中心则服务于更大的市场。

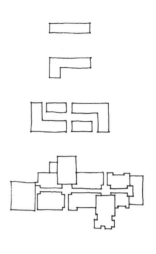

大多数商业中心被视作、也被当作一个整体来发展，通常还有一个服务于所有商铺的停车区域。设计元素——如建筑材料、标识、色彩、装饰细节——比商业街上的更为统一，这种统一性由于所有权和管理权的集中而得到加强。这种控制管理的范围还会扩展至店铺的营业时间、每间个体店铺的设计以及橱窗展示。[13] 的确，如果你看到一个购物中心的设计和维护不再具有统一性时，这有可能就是一条线索，说明核心管理方已经不再有能力执行它的标准了，而这也是财力不足导致的结果，它恐怕正在失去商户。

13. JACOBS A B. They're locking the doors to downtown [J]. Urban Design International 1,1980(7/8).

14. CLAY G. Close-up: how to read the American city [M]. New York: Praeger, 1973: 85. Clay在这本书第85页及以后各页生动地描述了带状商业区的特点。

高速公路商业服务带

高速公路带状商业服务区是伴随建在宽阔快速干线的前面或后面的路边停车场发展起来的，它通常独立存在，作为居住区与居住区之间的分隔地带，并坐落在其中一个区里。它是一个边界区域，而不是一个中心。商业带最突出的特点是作为过渡性区域而存在，那里很容易建立起商业，能方便快捷地售卖商品，通常是服务于那些赶路的人们，甚至是急着赶路的人。[14] 这一特征可能显得略微极端，但商业带上的商铺类型、店铺年龄以及品质也可以反映很多信息。如果这个地方主要是提供实用的便利性服务（如自动售卖机、加油站），而商业带两边的人并不认识彼此，只有极少的居民认为那些商业有价值，那么这些显示出一个迹象，就是公共或私人对区域做些改变是很容易实现的。比如，征用这些区域进行街道扩宽，可能会很容易实现。

一栋单独的商业建筑孤零零地立在那里，会让人产生疑问，为什么它会在这里？在一条街上有一家独立的家具商店，它与周边建筑的用途特性完全不同，那么有可能是因为它的业主相信这个地方很适合做这门生意，或者意味着更多别的信息。根据建筑的建造年代和类型，某一商业建筑的存在可以证明这里曾经有一条比较老的、但已弃用的运输干线（例如在一条绕行的主干道上的被边缘化的汽车旅馆）。或者建造商曾认为这个区域会迅速发展起来，但最终没能实现。某一功能的商业建筑单独矗立在某处，这种情形让我们不禁会问"为什么"。答案即便是临时给出的，也可以帮助我们对这个地区的历史和演进做出假设和推断。

市中心

　　市中心是一种特殊的类型，但相同的指标同样适用于这个类别。我们认为中心商务区的服务范围会大于本地人群，于是针对更大的区域寻找有关其特性和经济稳定性的线索。

15. 中心区作为旅行者的一个特殊目的地的案例，参见JACKSON J B. The stranger's path [M]// ZUBE E H. Landscapes: Selected Writings of J. B. Jackson. Amherst: University of Massachusetts Press, 1970.

　　你常常会在市中心找到的建筑功能有：合伙人公司、历史悠久的大型百货商店、酒店，还有城市里最好的珠宝店、某些政府办公建筑，例如法院或市政厅。[15] 这些功能的存在，以及与之相关联的社会活动数量和建筑的状况，都说明了在更大区域范围内市中心的重要性和经济性。其他的重要指标还包括：市中心的规模，功能的多样性，建筑的类型、设计、现状和建造年代，公共区域的维护水平，新建项目或旧建筑更新项目的数量，市中心各类功能所服务人群的数量（特别是购物区），交通系统的性质和用途。

　　市中心区边缘特别能显示出变化的迹象：新的建设或更新改造项目推动区域向外发展，而空置率和边缘化的功能则意味着市中心的收缩。现有建筑的高度也显示出市中心的边界所在，通常你在那里能感受到区域面临改变的压力。

16.PUSHKAREV B S, ZUPAN J M. Public transportation and land use policy [M]. Bloomington: Indiana University Press, 1977.

就其含义上来说，市中心就是中心区，我们可知交通都汇集到那里，尤其是公共交通。所以我们应该观察那里是否有公共交通，如果有，那么是哪种类型的公共交通。对各类办公—商业集约模式的研究、对支撑起公共交通的居住区的选址和密度的研究早就存在了。[16] 公共交通的类型（公交巴士、地铁，两者都有或两者都没有），以及是否有张贴出的时刻表和线路图能告诉我们中心区有多重要，以及外围住宅区的一些情况。如果开往外围区域的地铁在这里设站，那么很多人一定是住在外围区域，来中心区购物或工作。如果唯一的公共交通工具是公交巴士，而且发车班次有限，我们可以猜测出居住区是低密度、分散的，而且中心区并不是那么集中。

交通的类型可能反映了一个社区居民心中对市中心的设想（如强大的城市集中区域），还反映了对外围区域是怎样设想的（如紧凑的、节地的）。许多城市，包括卡尔加里（Calgary）、多伦多（Toronto）、旧金山、圣地亚哥（San Diego）都已经建立了快速交通系统，至少部分地实现了这样的开发模式。公共交通的良好状况逐步成为一项公众意愿而非私有市场力量起作用的衡量指标。

街道宽度、机动车交通流量、路边停车位的供给，与交通运输系统一起成为衡量的指标。以机动车为导向的设施越多，可能意味着公共交通越少。大面积的地面路边停车场，尤其当旁边是宽阔的或被拓宽的街道以及老旧建筑时，通常意味着这里是从早年更密集的中心区变化发展而来的，现在被外围购物中心和花园式办公区替代了。曾经建筑物的所在之处如今被路边停车场取代，这可能是一种临时性的用途，它正等待被进一步开发而已。

公共环境

在城市区域被开发的土地中，有30%被用作公共道路和人行道。这种公共空间中随处可见有关历史发展、变化、价值观和问题的印迹。

街道名称

社区为它们的街道命名和编号，这样人们更容易相互定位。经过编号的街道显示出与某个起点的距离，起点通常是中心区。经过编号的街道也能显示出还没完成的计划，例如第243街只是一条街道的名称，它与真正意义上的第71街之间存在大片的荒野。"前街"（Front Street）极有可能是滨水街道或者曾经是一条水道，现在已经被填平了；"主街"（Main Street）说明它原来就是要作为主要大街修建的；"海湾大街"(Bay Street) 应该曾经沿着海湾或通向海湾。但是注意不要对"观景大街"（Grandview Avenue）或郊区的"船道马房"（Shiplane Mews）这样的名字进行过度解读，如果"湖畔林荫大道"（Riverside Avenue）旁边压根儿没有湖，我们也无须深究。街道名称能说明本地发生的大事件和英雄人物；罗马的街道标识上就有文字说明，解释那些人由于做了什么而得到这样的荣誉。

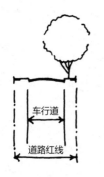

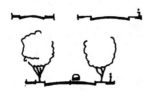

17. APPLEYARD D. Livable Streets, Protected Neighborhoods [M]. Berkeley: University of California Press, 1981.

街道宽度

街道的路权宽度或红线宽度与车行道的宽度（也就是道路两旁路缘石之间的距离）是不同的。通常，较老的街道比较新的街道窄。同样的，通常道路红线宽度反映了规划布局时土地的相对价值，也反映了当时的社区标准和街道预期的重要程度。街道修得足够宽，可以容纳消防车通过、允许一辆马车掉头，或允许双向车行道设置路边停车带。当街道足够宽，但交通量却很小时，就很值得问为什么。当初修建时对这条街道的预期是什么？街道的宽度是遵循标准，还是对某段历史的反映，或是由于某种价值观所导致？

没有铺装的道路说明轮式交通量不大，这是显而易见的。通常铺装的质量越高，说明道路的使用频率越高。路缘石的使用分隔了车行道和剩余的红线宽度，这往往是另一个迹象，说明社区对所容纳交通的期望。车行道的设计也能说明对特殊使用的期望，如：宽阔的种满绿植的道路中间分隔带，或者带有乡村小道风格的设计，既没有设计路缘石也没有设计步行道。街道的设计也能反映出对特殊问题的分析和考虑，例如减慢车速或防止车流进入本地的街道。[17]

街道布局的变化一般是很明显的，甚至过了很长一段时间之后还是能够观察得到：规划道路的一段比余下部分更宽、步行道突然缩窄、树是新种的或已经被砍掉、铺装的小路变窄了、街道上的裂缝显示出那里曾经有路缘石、街上装的交通护栏在其他街道并不常见。这些变化显示了人们解决问题的方法，以及改变发生时普遍盛行的价值观。你可以由此辨别现在和即将面临的问题，例如：一条两车

道的居住性街道或者一条暂时性的交通分流带的交通量很大，
都显示出道路被过度使用的迹象。

人行道

    在某些社区，沿街道两边都是面宽 50 英尺用地的房屋，但
街道上并没有人行道。这一点可能是为了实现预设的理想环境，
由这个地区的设计者、房屋的开发商和社区共同决定的，或者
邻里居民原本可能希望有人行道但没有足够的力量去实现它。
在某些郊区，人行道开始和结束得非常突然，却没有任何明显
的原因，与开发的时间也没关系。这可能与区域的合并方式和
时机有关。没有人行道的街道可能在这些区域并入城市之前就
修起来了，因为那时并没有修建人行道的需求。人行道通常是

按照社区标准进行建设的。仔细研究这些街道，有时能够发现这个区域是什么时候建设的、更新升级工程是什么时候进行的，或者发现更早的一个公共设施项目，例如20世纪30年代修建的人行道，上面留有建造的日期。建设者在他们的作品上用名字牌刻下自己姓名，通常还有建造时间，不过现在这样的做法很少了。20世纪七八十年代，在旧区设置新的人行道和铺装通常是公共资助的更新工程的标志，尤其当同时伴有大面积的房屋更新工程时更是如此。

人行道的材料也能提供很多信息。在美国，混凝土和沥青是最普通的材料。砖、瓷砖以及不同寻常的设计是为了引起人们的注意或引发公众的自豪感而使用的。

路缘石

路缘石被用于划分公共道路红线内的不同功能并引导排水。缺少路缘石意味着这些功能并不是必需的，或者社区也希望保留较多的非城市化特点。在美国城市中，通常从路缘石的颜色、清洁光亮度以及老化的迹象（例如裂缝和沉淀物）就能看出其年龄。花岗岩曾经是标准的路缘石材料，但近来使用的是没那么昂贵的材料，例如混凝土、有时有金属包边，还有瓷砖。花岗岩路缘石只在高规格的工程中使用。由于一项市政改善工程的进行，可能为了安装新的公共设施管线，新的路缘石会替代旧的。

行道树

有人坚称旧金山曾经是没什么行道树的，一直持续到苏联首脑赫鲁晓夫（Russian Premier Khrushchev）来访并谈及此事。据说此后这个城市就开始了植树工程。在有些城市区域，居民已经表达了强烈的反对，抵制种植行道树，因为它们的树液会掉到车上，把车弄得很脏，树木也需要修剪护理。但缺少行道树并不意味着居民不喜欢它们。在很多可能给出的解释中，例如树木病害就是其中一个很简单但是大家又不会想到的理由。

如果街道上的树木都是同一品种、同一高矮，那么它们有可能是在最初修建街道的时候就种下了。如果树龄看起来比建筑年龄小，行道树就可能是建筑建成一段时间后进行的公共工程中的一部分。如果树木的树龄和品种各不相同，就可能是在很长的时间里分别单独种植的。如果它们的树龄相同，但品种不同，那么可能最初的想法是统一的，但对于什么才是最适合的品种，大家有不同的意见。或者，某个人本来已经开始种树了，但此时不同的想法才传播开。树木自身以不同的速度生长，可能看起来会成熟或幼小，这主要在于气候和树木护理的不同。

　　行道树通常是街道拓宽的牺牲品。假如只是街道一边的树木被移除，或者不是连续地被移除，那就明显是街道拓宽导致的了。当街道拓宽后树木还保留着，甚至就在街道的中间，我们就能了解居民有多重视树木，就如欧洲城市经常见到的案例那样。

维护

　　公共道路的维护通常是一项公共事务，尽管居民和店主通常负责保持人行道的维护。大部分社区对于公共道路都有期望，它们应该是干净、整洁的。当期望没有达到，或者如果很明显没达到，那么观察者的脑子里就形成一些问题了。街道上的垃圾是经过一天或一周累积的结果吗？圣何塞的所有街道都是如此干净，还是只有内格立公园区域内的那些街道是干净的呢？街道的状况与区内住宅的大小以及质量之间有直接的关联吗？如果有关联，这又说明了是谁在其中起作用呢？街道上坑洼的数量、垃圾的多少与城市的经济状况之间有关系吗？

人行道路面的裂缝能说明另一种情况，尤其当这些裂缝是连续笔直的时候更是如此。尽管不停地修复，但这种裂缝会反复出现，因为在裂缝一侧的街道的路基与另一侧的街道路基是不同的，这说明它们建设于不同时期。由于沉降不均匀而导致了这些裂缝。如果能留意到这些现象，你就能分辨出早期的变化，尤其是街道拓宽的情况。

街道形态和布局

　　如果你去城市的某个地方，那里的街道狭窄、紧密排布、不规则，那么你很可能是在城市最老的区域。尝试去那些街道缓缓弯曲但规则有序的地方走走，那里很有可能是在 20 世纪初之后发展起来的。一种不太方正的街道形态，十字路口间的距离比较远，而且有较多的尽端式街道，这样的街区越远离中心区，越是最近才发展起来的。一旦固定下来，街道形态会一直持续下去，至少会留下它们存在过的印迹。街道形态和地块布局为我们了解区域的历史、发展的速度、重要的事件以及公共工程等方面提供了很多线索。观察街道形态时，有用的特征包括：规律性、街区的尺度和规模、模式的断开、缝合或切入。

规则的和不规则的形态

规则的街道形态是开发商或社区有意设计的结果。了解不同时期和地方的布局类型，以及不同时代之间的微妙差别是很有用的。例如，大多数早期的欧洲城市都有城墙，主要道路通常从城门口向外呈扇形放射状分布。在较古老的美国小镇，放射状的道路形态是很常见的，这样的道路可能从 19 世纪或更早的时候就出现了，沿着道路的发展模式也已经有相当长的历史了。不规则的道路形态暗示这个地区是逐步发展起来的，没有经过刻意的规划，由不同的力量和事件推动而形成。

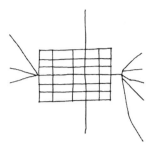

如果一个规则的街区系统覆盖或切入了其他形态，那通常是由于某一重要的公共工程而导致的结果，可能试图去给一个不太规整的街区系统带来秩序，而且几乎都是为了改善交通状况。巴黎 19 世纪修建的林荫大道也许是众多案例中最广为熟知的。如果一个规则的形态存在细微偏差，会让人不禁思考其中的原因：某一机构或建筑非常重要，足以导致街道改变方向；一种产生阻碍的地形特征由于街道的改变而得到妥善处理；一个新的项目要么堵住街道，要么使街道改线。相反地，如果不规则的道路形态存在于一个更大范围、更规则的形态之中，则可能说明这是较早的居住地，可能是某一时期建立起来的独立社区，并已成为一个正在成长的大城市的一部分。追溯至 20 世纪 60 年代晚期的美国，不规则的街道形态，特别是小街区和兼有许多小型建筑的街道形态，被认为是浪费空间的做法，还与贫民窟相提并论。这样的形态被认为是政府收购并推倒重建该区域的充分理由。

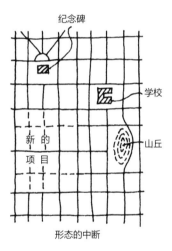

形态的中断

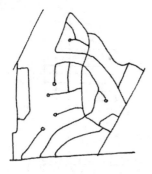

曲线的街道形态在"二战"后的郊区开发中很常见，它是在 19 世纪末首次出现的。为了确认一个地区是在哪个时期发展起来的，你必须找到其他线索，例如：建筑的建设年代和风格、在区域内的选址、街道的宽度。或者，一个不规则的、曲线的街道形态可能是由其地形决定的。

街区的尺度和大小

小街区所在的区域通常比大街区所在的区域更古老一些，除非是在大型工业区，或是很早的时候一栋特殊用途建筑占据了大面积土地的情况。大街区现在被认为是更为高效的土地使用，这一点反映在大量的政府和私人开发商对土地的集约开发中。开发商认为，大块土地能提供与机动车匹配的尺度和通行速度，因为十字路口越少，通行的速度越快，而街道的数量也更少，那么建设和维护它们的费用也会更低。

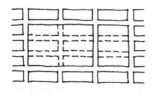

在小街区模式下出现的大街区则意味着新开发是在旧框架下进行的。开发极有可能是公共力量推动的，因为城市需要放弃旧街道来发展出新模式。另外，城市政府也可能运用了它的土地征用权来整合土地。

断开、缝合和切入

很少城市会只有一种街道形态，大多数都有至少两种以上的主要形态和许多衍生形态。断开或缝合，也就是两种形态交界之处，或是一条林荫大道或高速路在一个连续的街道形态切入之处，都是非常值得研究的。

不同形态的区域通常是在不同时期发展起来

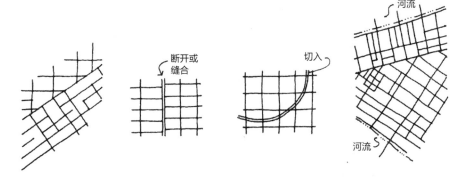

的。两种形态交界的地方可以是两个单独的社区或不同开发项目的融合之处，但更常见的情况是，形态的断开或缝合显示出由于物理方位的改变（例如从一条河到另一条河）、设计风格的改变（例如从长方形变为曲线形），或者标准上的改变（例如从小街区变为大街区）所导致的社区政策的变化。一种切入形态的出现，可能是由于这种切入的元素——一条小溪、一条铁路线——早就存在，而在最初的街道布局中被忽略了。

两种或多种街道形态交汇的地方往往是活动的中心、交易的场所和焦点。说到这点，纽约的时代广场（Times Square）立刻出现在脑海中。人们的视线会停留在沿这种缝合之处修建的建筑上，让你关注到形态中断的地方。建筑必须适应地块的奇特形状，这样导致的差异性极可能会很吸引眼球。利用一条林荫大道切入原有的形态之中，其目的是聚焦于林荫大道两边或林荫大道终点上新的开发项目。

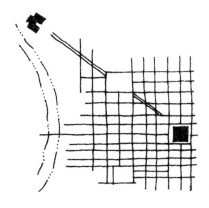

分隔了不同活动区域的断开之处，往往感觉似乎是无主的土地、是过渡或分隔的区域。旧金山中心区的市场街多年来充当了一个更受欢迎的区域和一个没那么受欢迎的区域之间的一条分隔线，而这个屏障只有在对办公用地有极强需求，加上重要公共建设的影响以及区划政策的改变才能克服。在中心区和后来发展起来的区域之间往往有一个过渡区域，如同在匹兹堡（Pittsburgh）的金三角（Golden Triangle）与丘区（the Hill）之间的区域，在旧金山的中心区和教会区（Mission District）之间的区域，还有许多城市里的铁路线也在这样的地方形成了分隔带。

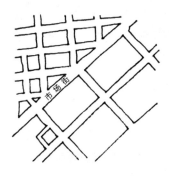

市场街不仅比其他街道更宽，而且街道两边的街区尺寸也非常不一样。

市场街以北近似方形的小街区提供了正南北的方向感。

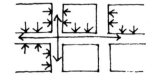

市场街以南的大街区更适于建设较大尺度的建筑，并且更多是朝向那些不通向市场街的主要道路的。

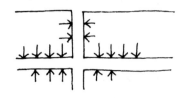

　　无主的土地（根据定义，这些是最不为人所知的地方）容易受到变化影响，尤其是大型公共开发项目，如修建一条快速路或其他交通线所带来的影响。如果这种性质的变化已经发生，那么对其深入观察或者对其周边进行观察，就可以判断该地块是否仍然是无主土地。在偏远的区域出现新的建设，反映出城市有较大的开发压力。那里有大量的土地，但开发的需求量不大，没有人会投资那些沿缝合之处的区域。大部分情况下，改善无主土地的贫穷印象需要大量的私人或公共力量。

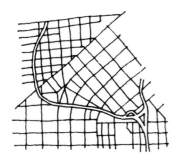

建筑布局

　　这个术语是指建筑与建筑之间、建筑与街道之间、到达建筑的路径与建筑入口之间的物质空间关系，以及建筑形成空间的方式。这些因素在很大程度上关系着公共空间向半公共空间和私密空间的过渡。建筑布局是体现社区价值观和关注点的一项指标，这些观念首先被转译为政府法规，然后变成现实。它还可以是反映邻里和社区凝聚力和组织力是否存在或程度的一项指标。要将建筑布局作为价值观或居民沟通程度的一项指标，那么就必须小心谨慎，因为影响价值观和交流程度的变量太多了。[18]

　　建筑通常沿着街道排列：也就是说，它们距离道路和人行道的退缩是一致的。在通常情况下，街道越新、建筑的退缩距离越大，至少在美国是这样，尽管也有一些重要的例外情况。退缩距离能反映常规的做法，或被城市法规管控的结果。至少从中世纪起，社区就已经开始关注距离街道的退缩，有时是出于对健康的考虑（光线、空气、安静），但更多是纯粹出于对美学的考虑。在美国，考虑健康可能一度是退缩政策制定的最初原因，但近年来对功能的考虑（例如街道可能不得不被拓宽），以及对文化和设计的关注，都成为了退缩政策的决定性因

18. 有关城市环境的物质形态以及人类的满足感和价值观的一段简短而精彩的探讨，参见LYNCH K. A Theory of good city form [M]. Cambridge, Mass.: MIT Press, 1981: chap. 5.

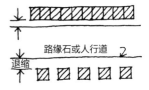

素。在美国，越大的退缩通常意味着越高的生活标准。另外，最低限的退缩线一旦被划定，那么很少有建筑会退缩更远距离。因为这些状况，你可以预料将会发生以下的事情：随意的建筑布局反映出政策的缺失，或者可能是由于多个建造商或开发商造成的；退缩尺度较为统一的那些建筑，相比退缩不那么统一的那些建筑，建造的时间是距今更近的；零星的一两栋建筑离街道更近，相比其他排布成一条直线的建筑，可能是更早时候建的；然而，如果它们是新建的，那么反映了最近新修订的规则（社区对其关注并参与了修订），要么打破了一条不成文的规定（那么社区可能会通过制定规则避免其他建筑在建造时也这样做）。

如果后院或侧院统一退缩的原有模式中断了，说明这个问题已经上升为社区问题。大家都倾向于认为大一点的院子会"更好"。

我这样推测，建筑越是远离街道，要么因为距离，要么因为存在其他障碍，建筑里的居民或进行的事务就越不可能与街道和日常的公共生活紧密联系。换句话说，建筑不朝向街道，其状态就是封闭内向、独立的。建筑与建筑之间的距离越近，它们的住户就越可能有眼神交流。我想，人们经常见到对方，就会更了解彼此。那么很显然地，出入口、窗户和走道的位置会增加或减少邻居之间接触的可能性。我也就此假设建筑布局能够决定住在里面的人认识彼此的可能性（或者相互认识的容易程度）。

此外，近距离居住的人们更容易形成社区组织，共同应对可能与所有人都相关的问题。

无规则排列

旧退缩线
新退缩线

新退缩线

旧的
新的

有些介入的变量是如此重要，尤其是人们的个人
利益和需求，以至于造成建筑布局变得不再重要
了。但如果你观察到许多因素，例如大进深的退
缩、街道上繁忙的交通、不能促进邻居间的视线
交流的入口通道，那么你可以非常肯定地预测这
里的邻里对彼此知之甚少。

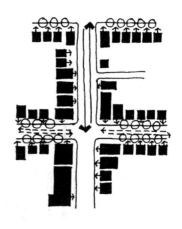

　　在旧金山第 24 街的其中一段街道上，你会
发现那些建筑不是用一种允许邻里相互看见、相
互交谈的方式来布局的。很难准确地说这是为什
么，但可能是因为出入口通道是独立分开的，人
行道比其他街区要窄的缘故（然而，后院的布局
可能会有利于邻里的碰面）。这里的车速也比相
交街道上的车速更快，建筑分布在街区的短边，
所以每个街区所容纳的建筑也就更少。相交的街
道上有更多的树，使它们看起来比第 24 街更窄。
住在第 24 街这一段街道上的人们似乎彼此不认
识，这个社区对于当地问题的参与度不高。

地形

　　城市中住在较高海拔地方的人们通常比那些
住在较低海拔地方的人们收入更高。20 世纪 80
年代所做的实地调研说明，汉斯·布利门菲尔德
（Hans Blumenfeld）于 1948 年做的关于这一现
象的研究仍然有效。而近来也没有更多的研究来
验证这一点。[19] 关于海拔与收入的相关性，通常
的解释是高的地方最具有战略意义、更安全、开
发起来更为昂贵、有最好的视野、最多样化的地
形，还有可能拥有最好的气候。然而，与这条
规律有所不同的许多例外的情况还有待解释。为

19.BLUMENFELD H. Correlation
between value of dwelling
units and altitude [J]. Land
Economics ,1948(11).

什么在某个城市中较低收入的人会住在山上？一个不受欢迎的邻居，例如排放黑烟或带来噪声的工厂，会导致较高海拔的地方对于高收入的人群来说是不受欢迎的，但对于在附近工作的人们来说则不会。这座山在过去可能相对不太容易到达，如果比较富有的人群找到更容易开发的地方，那么比较穷的人就有可能把房子建在较高的地方。盲目的土地分割在某个律师事务所里进行，没有参考（或考虑）地形数据，加上那些街道也不可能在山上建设，导致土地的可达性差，从而退出了土地市场。旧金山的伯纳尔山地（Bernal Heights）、波特雷罗山（Potrero Hill）、钻石山（Diamond Heights）和匹兹堡的下丘区和上丘区的情况都可以从这样的角度来解释。

　　另一种情况是，位于高海拔的、以低收入人群为目标的发展项目通常是由公共机构推动的，要么因为在某个时期该地方被认为是不受欢迎的，要么是一种有意识的、致力于建设一个经济整合社区的行为，就像钻石山的例子一样。而那些面向低收入人群的发展项目如果修建在由于地貌特征或其他因素而受欢迎的地区，就容易受到发展压力的影响。在巴西里约热内卢（Rio de Janeiro），有些贫民窟就属于这类案例，因为土地现在变得越来越受欢迎了；而在旧金山的电报山（Telegraph Hill），高收入人群已经搬入这里，取代了原来的中等收入人群的区域。

有助于你理解城市区域的其他自然因素，包括：阳光（通常人们喜欢待在气候温和的地区，而避开其他让人不适的气候）、有害的气味（要避免）以及和煦的微风。地理和土壤的特征能说明为什么有些区域没有被利用起来建房子。一条河流或其他水资源是城市存在的首要原因，城市的主要活动分布在河岸上。所有这些因素对于我们所寻求的对城市的理解至关重要。

20. 参见ALONSO W. Location and land use [M]. Cambridge, Mass: Harvard University Press, 1964. 或者CLARK C. Population growth and land use [M]. New York: St. Martin's Press, 1968: chap. 9. 或者一段简明的概述，参见LYNCH K. A theory of good city form [M]. Cambridge, Mass.: MIT Press, 1981.

城市区域内的地点

你所在的地方与大范围的城市区域是相关联的，有时候这点很容易被感知到。当你走在一条从小镇通向城市的路上，也就是在中心区的外围或是城市区域的边缘地带时，就是如此。地点非常重要，因为它能告诉我们将会看到些什么。在美国，当你远离大都市的中心，人口密度会降低。[20] 如果不是这样，就应该找找原因，例如一个较小的曾经独立存在的中心，逐渐被来自中心城市或附近的就业中心的向外发展所包围了。一个看似聚集了很多房子的高密度区域，也许只是更大的开放区域中的一个小区域，它掩饰了整体性的低密度开发模式。在美国城市，穷人更有可能靠近中心区居住，中高收入人群则更远离中心区；在大部分欧洲和南美洲国家，情况则刚好相反。所以得出的结论仍然是，了解和预计哪些模式可能比较普遍，可帮助我们在这些模式流行时对其深入了解，并提醒我们寻找出它们不流行的特殊环境。

地点与更多特定的预期有关。在美国城市的中心区附近建设的许多铁路站点和广场，"二战"后都慢慢停用了。如果地区发展的需求非常强烈，那么站点和广场是转化为其他功能的最佳地点。因为对土地的大量需求，新的开发项目将对周围的区域产生重要影响。许多企业家将对此感兴趣。

其他活动也会推动它们所在地点发生改变，例如一个批发市场会伴随卡车配送中心的转移而搬迁到城市外围，还有其他别的活动也会在将来产生新的需求，例如游客和会议中心。选址和开发都有赖于廉价交通运输和能源消耗的社区，在上述费用大幅提升的情况下，更容易感受到由于服务和生活方式的改变而带来的压力。这些社区会因此变得没那么受欢迎。所以，地点不仅能显示城市区域里哪些是正常状态的指标，而且能反映将来会出现什么样的问题。

结论

可观察到的客观指标的清单可以被无限地拓展。我已经尝试了讨论那些最常用来提出问题、而我们又必须回答的线索。

如果此刻我需要增加一项工具，那么会是地图，它使"现实"和抽象之间建立联系，包括用非视觉分析方法得到的所有信息。我的脑海中总是有一幅地图，但是这幅地图跟你手里常拿着的不同——无论它是从加油站买到的街道地图，还是一张显示了建筑、地形的详细地图。我用脑海中的这幅地图来确认街道形态、中断、边界、地点、交通线路、区域之间的关联，以及其他更多的信息。

我提及的许多线索与经济地位或经济推动力有关。总体的结论是，人们的经济地位可通过他们周围的物质环境观察出来。皮尔斯·刘易斯（Peirce F. Lewis）的格言曾提到过：人工景观里反映文化的所有要素几乎都适用于经济文化。[21] 在城市区域里，收入偏低的人群或贫困人口占据没那么"好"的客观环境，具体表现在尺寸大小、条件状况、维护保养以及位置等方面。然而，了解地理的（文化的—地点的）背景知识非常重要，能形成对线索最有用、最到位的解释。[22] 在社区标准和规范里，物质环境越差，在那里居住和工作以及常去那里的人越穷；与此相反，环境越好，人们也更富有。这一点看起来是对的。

如果我们停下来去倾听我们的日常对话，我们会惊讶于我们有多么频繁地使用"还不错、大、小、好、坏"这样的词。对于城市区域的首次观察，最常用的短语会是这样的："这些是大房子"或者"这里交通繁忙而且充满噪声"，或者"这些建筑状况很糟糕"。这些词语的不精确性可能是同时观察许多事物的结果，这些是快速形成的简单结论。尽管如此，所有这些词都反映了观察者的价值观或偏见。

在某种程度上，"大"和"小"，"好"和"坏"，这些形容词反映出个人的标准——有可能它们对于另一名观察者来说意味着别的东西——问清楚这些词的具体意思是非常重要的。我如何定义"状况差"或"小单元"？许多这样的词都与尺寸和数量有关，包括建筑或街道的宽度、车和人的数量、房价或车价。其他词语则是指频率，比如我们见到"待售"的牌子有多频繁，我们见到这种类型的商店有多频繁。许多频率在实地观察中可以快速计算出来，通过测

21. LEWIS P F. Axioms for reading the landscape [M] //MEINIG D W. The Interpretation of ordinary landscapes. New York: Oxford University Press, 1979.

22. 同上。

23. 如果所有窗户的窗帘款式和窗台小摆设都不同，那么我们猜测每个窗户都代表着一个单独的居住单元，这个单元的面积是可以估算出来的。或者从一扇后门往里瞥一眼，也许可以看到不同单元的电表。如果一栋建筑里容纳了这么多单元，那么这些单元面积一定很小。

24. 这里包含了压力集团的价值观，他们可能设立了那些标准并从中获益。有关管道系统、建筑材料、学校房间的规模以及学校场地、街道宽度的标准制定，我们能找到不少好的案例。

量建筑或地块的尺寸、街道的宽度，通过计算汽车、人和门铃的数量，我们由此来定义我们所谓的"大"。我们不仅可以将发现的事物与个人的知识进行比较，而且可以与其他规范和标准进行比较。简而言之，我们必须通过理解我们所用的术语，通过测量、计算数量、列举、比较观察得到的信息，尝试抛弃并打破我们的个人标准或偏见。当然，自身的价值观会阻碍我们发现某些因素，更不用说去测量它们了。这个问题是不可避免的，但我们能努力使自己更清晰地知道正在做的事情。

我们可以将观察者所看到的与规范化的社区标准进行比较。如我所述，需要建什么样的建筑，所有的国家、州和社区都有各自的标准，通常旨在提升社区的健康和幸福指数。从某种意义上说，这些标准代表了这些社区的价值观甚至偏见。它们通常以法律或规范的形式出现，其目的是管理诸如结构因素、采光通风、房间尺寸、每间房可容纳人数、街道的车行道宽度这样的问题。如果我们了解那些规范标准，就能将所观察到的与之比较，我们可以有意识地说出我们所见到的是在标准以上、以下还是与已知的标准一致。在旧金山的中国城，我们见到一栋建筑的居住单元大概只有 10 英尺 ×12 英尺。[23] 我们知道现在已经不允许建这么小的单元了，所以我们能肯定地说它们"小"。然后我们就有理由进行下一步的假设：参照社区的标准，这里存在人口拥挤的问题，还能推测社区可能决定做些事情对此进行改善。

许多建筑标准，尤其是关于空间的标准，大大超越了对健康和安全的明显需求。在某些情况下，通过将我们使用的模糊的形容词与规范化的标准进行比较，我们将自己的偏见代替了社区的偏见。[24]

不管怎样，即使我们已开始去质疑我们所见到的以及我们所用的描述性词语，我们都应该持续地在实地观察中进行提问，尤其是如果那些标准会成为将来某些行为的基础，那么更应该这样做。质疑我们的所见，不管它的尺寸或质量如何、是否很危险、对于生命是否构成威胁，这样的提问是有意义的。当然，通常情况下并不会有什么危险。

修饰用词，例如很可能、表明、极有可能和可能会，在讨论线索及其含义的时候会反复出现。这些词语反映了这类分析的现实意义。我们并不是去收集可以用来计算和处理的、各部分相加等于 100 的数据。我们寻求的是理解。

如果没有现成的研究来分析所看到的，那么这些线索就是对所观察到的事物进行假设的唯一基础。当人们看到小房子，便会猜测它们是为中低收入人群建造的。假如没有其他线索来确认或修正这个假设的话（这种情况不太可能），观察者会推测现在的居民也是低收入的。假如在街道上见到大量垃圾，就会产生很多可能的假设，包括：街道的清洁工那天或那周还没有来进行清洁；由于经济危机的发生，这个城市已经缩减公共服务开支；周边的邻里在市政厅的影响力太小；清理街道对于这个区域的人或者这个城市的人来说不重要。其他线索，例如告示牌上写着街道将在周五进行清理（而我们是在周四见到告示牌的），或者垃圾满布的街道充斥整个城市，或者肮脏的街道只出现在低收入的区域，这些将有助于缩小假设的范围并最终得到结论。街道相对干净会被用来帮助分析其他问题。某一因素与其他线索结合时，会产生无数可能的含义，这一点是显而易见的。我们要表达的意思很清楚：除了意义非常明确的那些情况之外，我们对某一因素可能有的许多含义应该保持开放的态度。

这里所讨论的观察类型和分析方法与那些更"科学的"观察和分析方法之间的一个主要区别，似乎在于缺乏对城市综合知识的积累。例如，人体化学、人体物质结构以及生物系统比城市化学、城市结构和城市系统更为人们所了解。我很怀疑城市的线索是否

② 英国著名女侦探小说家阿加莎·克里斯蒂（Agatha Christie, 1890—1976）所著系列侦探小说的主角。——译者

像其他研究领域的线索一样精确，它们的含义是否也广为人知。

观察线索并仔细思考它们的含义，在实践中并不完全类似于赫尔里克·波洛（Hercule Poirot）②侦探的侦察工作，后者的目的是运用更有限的一组线索，找出一个具体的反社会行为是如何发生的、谁需要对此负责。但两者之间还是存在很重要的相似之处。如同医学诊断和犯罪侦破工作一样，在城市诊断中观察者会寻找模式、模式的中断以及与标准的背离。如果在实地观察中获得新的或不相关的因素，观察者会问为什么、怎么样以及含义是什么。与侦破工作的相似性可能就在于，当看见各种各样的关系时保持开放态度，以及用提问的方式去思考。线索是关键的起点。

第4章

观察和解读

东胡桃山（East Walnut Hills）

这是 1981 年 6 月的一个昏暗、温暖而潮湿的早上，时间大约是 9 点 15 分，地点是辛辛那提市。我们正在麦迪逊大道（Madison Road）和托伦斯林荫大道（Torrence Parkway）的交叉口，距离市中心东北方向大约 3 英里，我们已沿着俄亥俄河（Ohio River）边的哥伦比亚林荫大道（Columbia Parkway）行驶了好一段路。在行驶过程中，由于是沿河而行，我们并没有看到太多城市景观，但我们见到山上一些相当漂亮的建筑，它们修建在悬崖上，从东边鸟瞰市中心。这里就是这个城市的东胡桃山（East Walnut Hills）区域。

我们看到的大部分建筑是从 19 世纪末（其简单的砖或木结构让我们想起东部的建筑）到 20 世纪二三十年代的这段时期建成的，它们的特点是有较多的水平线条、粗面砖，就像在克利夫兰（Cleveland）度过童年的人曾见到过的许多建筑那样。建筑不超过三层，除了一栋新的六层或八层的棕色砖的公寓住宅或公寓大楼。

在西北角是一栋旧建筑，最近被改造为酒吧和餐厅。招牌和部分窗框是崭新的，砖墙看起来好像最近才做了喷砂处理。这里看起来像那种年轻主管们下班后喝一杯或吃午餐、晚餐的地方：时髦、有大量的砖和老木头装饰。麦迪逊大道上的建筑临着人行道的右侧，没有前院、侧院也极少。商店和其他功能的建筑很吸引眼球包括圣经救赎教堂（Bible Deliverance Church）、第二联合

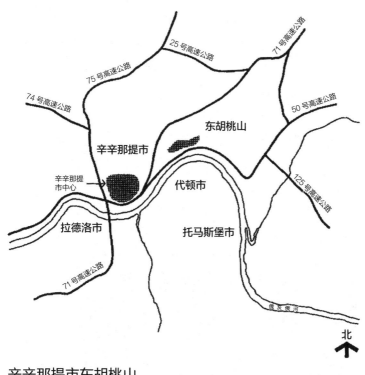

辛辛那提市东胡桃山

比例尺

浸信会教堂（Second Unity Baptist Church）、两家古董商店、两家小型的体育用品商店、一间音像店，还有一间在建筑群最西侧端头附近的艺术廊（不过它和建筑群是分开的）。这些商店还没有开门营业。建筑和公共空间维护得很好。教堂的类型说明这里的人口是黑人，不过这里的商店暗示有个区域曾经是黑人光顾的地方，现在的客户群正转变为更高收入的白种专业人士。但它可能还不算是一个时尚的地方。

当我们在麦迪逊大道向西走的时候，见到非常大的、古老的、维护良好的建筑和互相毗邻的两个古老的小公园，根据告示牌所示，分别是猫头鹰之巢公园（Owl's Nest）和安伍德公园（Annwood）。这些建筑看起来没有被分隔过（每栋只有一条电话线，只见到很少的小汽车）。人行道的路缘石是老旧的石头，但看起来不像是花岗岩。位于一条名为安伍德大街（Annwood Avenue）的岔路上的建筑都是非常大的独户住宅，维护得很好。但住宅和院子的维护质量并非是最好的，要不然草坪和灌木会看起来修剪整齐，漆面也会是每 3 ～ 5 年会刷一次的新漆。这里有些陈旧的迹象，有些地方需要重新粉刷了。这些高大的老房子应该曾经有住家的园丁，但现在没有了。在另一条名为格雷戈里（Gregory）的小路上，那些比较新的、单层和两层的建筑看起来造价昂贵，地块面积大，退缩的距离大，维护得也不错。这些建筑是 20 世纪五六十年代建造的。

人行道的承包商在麦迪逊大道和最开始说到的那些小路上留下了自己的印记——"W.R. Budd & Bro., Est. 1892，辛辛那提市，俄亥俄州"。这并不意味着人行道是在 1892 年建设的，但建于 19 世纪末 20 世纪初倒是很有可能。我们注意到一辆警察巡逻车，车内警员也随之注意到我们这群带着相机、做着笔记的陌生的观察者了。

多尔蒂学校（Doherty School）——七山中学（Seven Hills Middle School）从街道向后退缩很多，沿街还有非常精致的涂了色的告示牌——通过这些迹象，可以判断这是一所私立学校。它的学生就住在附近区域，还是来自于辛辛那提市的各个区域？越高级的学校的标志是否会越小或是根本没有任何标志？

在另一条名为费尔菲尔德（Fairfield）的街道上，那里的住

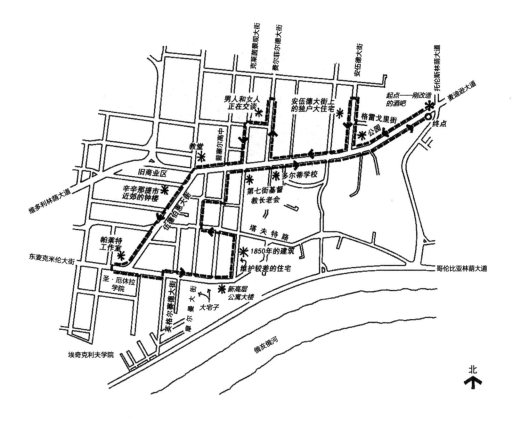

辛辛那提市东胡桃山的步行线路

宅没有麦迪逊大道上的那么大，但它们有大致相同的建成时期，即 19 世纪末 20 世纪初以及更晚一点。新的沥青屋顶材料不如旧的那么好。房屋和院子进行了适当的维护，但并不是非常好。看起来业主是一次处理一个问题，并设置了优先度——也许今年是修建新屋顶，明年是修理门廊，后年是刷漆，主要的景观营造则被安排在将来的某个时间。房子是作为独户住宅建造的，现在仍旧保持原状。一辆车的保险杠贴了贴纸，上面写着"禁止核武器"。我们在两个前廊上见到许多玩具。在第一个转角，一个白种男人和一个白种女人正在交谈，然后走开了。他们很可能三十多岁，看起来相谈甚欢并带有明确的目的——他们是邻居，而不是伴侣。沿着街道再往前走，我们见到一位五十岁出头的男性黑人正站在自己的车旁和一位快六十岁的男性白人交谈。还有两个十岁左右的

黑人小男孩骑着自行车转悠。沿着费尔菲尔德大街再走远一点，有一栋大约建于 20 世纪 20 年代的三层的中产阶级的公寓楼。许多建筑上挂有崭新的白色街道号码牌，样式也是一样的。

这个区域有一种积极向上的感觉，正在不断努力改善和提升。这里还给人一种感受，即不同年龄和不同种族混集的感觉，这种感觉不仅仅来自于确凿可见的迹象。我们见到有些人在交谈，看起来邻里似乎都相互认识。我们猜想，他们正在积极地努力维护这一整合区域的和谐，无论是种族方面还是经济方面。这里可能有一个活跃的社区委员会。我们还不太清楚这里是否有一个规划的、搬迁安置的或法规实施的公共项目，但这里的人们与市政厅关系密切、市政厅对他们有一定了解是肯定没错的。

在一个街角，我们较早时候见到的男人和女人还在继续交谈。他们向我们问好，并询问我们拿着相机和笔记本在做什么。他们说，他们担心有陌生人会记录下那些窗户上有污渍的房子以便行窃。当我们解释我们的目的时，他们说东胡桃山社区委员会可能会对我们的观察和结论感兴趣。

克莱茵景观大街（Cleinview Street）上的房屋和地块比费尔菲尔德大街上的更小、更朴素。街道维护得没那么好，建筑距离街道比较近。透过窗户，我们见到许多空置的房间。这里的大多数居民是黑人。这些房子最初是麦迪逊大道上富人的仆人们的住处吗？从观察的出发点到克莱茵景观大街，地块和房屋在逐渐变小。

当回到麦迪逊大道上时，我们看到沿大道南侧有一栋教堂。随后我们记录了它的名字——第七街基督教长老会（Seventh Street Presbyterian Church）。外墙的石头非常干净，就像新的一样。但建筑看起来有点奇怪，可能是屋顶的原因。

沿麦迪逊大道往前走是一栋新的消防站，根据挂着的一块匾来看，它建于1979年。在麦迪逊大道和伍德伯恩大街（Woodburn）的街角，是一座名为"圣·弗朗西斯·德·塞莱斯（St. Francis de Sales）"的天主教堂，它在此处已经很长时间了。街对面是圣马可大厦（San Marco Building），这是一栋建于20世纪初的砖结构多层建筑，目前正在翻新，建筑内部已经掏空，新的窗框和内部分隔已经安装好。也是在这个街区，一栋用木板封住的单层建筑有着银行的所有特征——大理石立面、正式的门廊、大面积玻璃窗。在第四个街角，一块形状特别的空置地块已经被划分出来，围起了栅栏，铺上了草皮，草最近也已经被修剪过。这里很明显是公共项目用地。砖结构的旧建筑的翻新工作可能是一个公共而非私人承包的项目。这是不是一个由当地政府和联邦政府投入的住宅项目呢？为什么那块空置土地被照看得如此仔细而且加上了护栏，而不是任其杂草丛生、不加修剪？在此之前，这块空地上一定有过一些建筑。看起来有人正在集中精力来改善这个区域的经济状况，同时也提升它的形象。

　　在伍德伯恩大街上，当我们向西南方向走、慢慢远离麦迪逊大道时，见到那里的房子是临人行道而建的，而且没有侧院。克鲁兹大厦（Cruz Building）上有个时间标记——1895 年，其他建筑似乎也是同一时期建的。街上的商店和人群向我们透露了这个区域是为什么人服务的：美发沙龙里有黑人顾客和黑人发型师、二手商品店、黑人青少年、上帝神圣教堂（God's Holy Church）。街区看起来处于半空置状态，没有太多生意。这里有空置的房子，没有太多人。这里应该是一个很难规划的区域，因为这里有各种经济和环境问题——低收入、没什么工作、几乎没什么活动提供给孩子、环境恶化、房屋空置。但如果有些房屋被清理干净，那么现有的居民就会被其他人群替代。目前这里也许

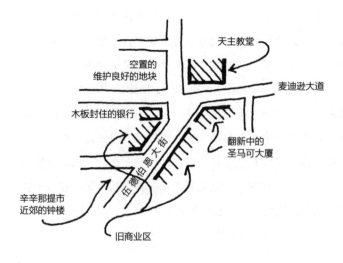

没能吸引投资的市场。如果市政府已经参与了这里的项目，那么就要谨慎一点了，安静等待和观望，在项目进行时寻求机遇。

沿着伍德伯恩大街继续往前走，有两栋建于20世纪20年代或30年代早期的公寓大楼，它们是砖结构的、两三层高的建筑，其中一栋是砖木结构和灰泥风格。它们可能是为中等收入家庭而修建的。

辛辛那提市近郊钟楼（Bell Building）的出现说明这个区域曾经被认为是郊区，尽管这里距离中心区只有大约3英里。

在一条小道上的一组住宅用铝材板壁取代了原先的板壁材料。房屋小而且维护得也还不错，说明业主和租客都是工薪阶级，他们大多是黑人。在下一条叫卢卡斯特（Locust）的街上，那里的住宅要更大、更好一些。

在伍德伯恩大街的某处，街道两边都有大面积停车场并且停满了车。从这个有利位置，我们能看到蓝十字协会（Blue Cross，医疗保险公司）占用了原来的郊区钟楼，并为雇员提供停车场。医疗保险公司选址在相对贫穷的区域并雇用当地居民，这是不是政府计划的一部分呢？许多雇员开车上班，但最好不要从这点就得出什么结论。停车场有栅栏围住，大门可以上锁，还有非常好的照明，所以与车有关的犯罪案件很可能、或者一直是这里的一个问题，而且可以判断出这些案件是当地居民犯下的。

在伍德伯恩大街和东麦克米伦大街（East McMillan）的街角、离医疗保险公司建筑群仍然很近的区域，看起来似乎不太一样。帕莱特工作室（Palette Studios）和一个家具公司面向更高收入的人群，雇员都是白人。街对面是圣·厄休拉学院（St. Ursula Academy），这栋大楼从街道上略后退一定距离。除了圣·厄休拉学院之外，这个区域有一种"棘手"的感觉，但难以说出是什么导致了这种感觉。有几次，大家会感觉进入了一个令人紧张的"三不管"地带，很难具体找出这种感觉一直持续的原因，但它确实一直存在。这里有一种过渡和"反抗"的感觉。难道这里的种族关系紧张吗？

紧邻圣·厄休拉学院的房子上有一块告示牌，上面写着"赫尔曼施奈德基金会"（Herman Schneider Foundation）。谁是赫尔曼施奈德？其他告示牌上则显示，1935 年这座建筑曾被一个妇女俱乐部和一个工程学会占用过。这座建筑从来没有真正形成过一种专门的用途吗？

沿东麦克米伦大街的下一座建筑是新思想会堂（New Thought Temple）。这座建筑看上去更像 20 世纪 20 年代的犹太集会堂而不像大多数的教堂。也许它是由自由派犹太人或前犹太教徒建造的。"会堂"这个词是否暗示了小镇这个区域的早期居民类型呢？证据不太足以让人信服，我们也无法做出肯定的结论。这时，一位黑人维修工在跟我们打招呼。

沿着麦克米伦大街这边的小型办公楼并不兴旺。有一栋曾经被汽车数据处理中心（Automatic Data Processing）占用过的建筑，它似乎已经被改造或装修过许多次了，现在正在出售当中。

胡桃山基督教堂（Walnut Hills Christian Church）建于 1924 年，是一栋牢固的石结构建筑，看起来是为中高阶层的人群集会服务的。它让我们想到英格兰小镇上的一座教堂，我们猜想它是有意识地模仿那种风格建造的。

远离麦克米伦大街，来到英格尔赛德大街（Ingleside Avenue），有独户的、中产阶级规模的住宅。大多数居民是黑人，他们很可能就是业主。麦迪逊大道和伍德伯恩大街一带是较低收入人群聚居的地方，还有一些出租住宅；沿麦克米伦大街的房子是中产阶级拥有和自住的。邻近麦迪逊大道和伍德伯恩大街的居民一直都是黑人，他们可能是为富有家庭工作的佣人。你能感觉到靠近麦克米伦大街区域的白人更多。

当我们往东走，麦克米伦大街南侧的大房子默默诉说着早期曾有过的富有，它们跟我们早些时候在麦迪逊大道上见到的房子很像。最大的那些房子在街道的南侧，景观是朝向河道的。一栋新的高层公寓大楼位于麦克米伦大街南侧再往东一点的地方。大型停车场里停放的汽车都比较大；我们在这里见到的人较为年长，大部分是白人。这是一栋商品房，它可能取代了旧的宅邸，显示出这个区域很容易发生变化。走过这栋高层公寓楼，是一栋新的低层建筑。老一些的房子面向街道，但新的房子，无论是高层还是低层，都不是面向街道的。高层建筑与街道之间被停车场分隔开，也许是因为这个位置可以让居民获得沿河景观。低层建筑也是如此，试图建立一种独立的环境。

当我们向东走，发现建筑的维护情况越来越好了。在麦克米伦大街北侧的一些房屋有两条电话线和不止一个门铃，这说明房子已经更新改造为多户住宅或者这里有房客。走道从房子直接延伸到大街上，穿过宽大的前院草坪。

麦克米伦大街的交通尽管并不繁忙，但车辆行驶的速度很快。车辆穿越这个区域，不作停留。这条街比小街要宽，而且在这个区域没有过街的人行道。

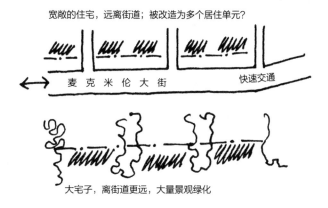

宽敞的住宅，远离街道；被改造为多个居住单元？

麦克米伦大街 → 快速交通

大宅子，离街道更远，大量景观绿化

住在街道南侧的人似乎比北侧的人收入更高。那么街道两边的居民彼此认识、相互交谈吗？这里有跨过街道的交流吗？很可能没有。当我们开始这段步行观察的时候，获得的感受与在麦迪逊大道行走的感觉截然相反，这里看起来不像有一个很强大的社区委员会。没有社区的参与，这里就容易发生改变或者有快速改变的可能。

在麦克米伦大街的北侧、克莱茵景观大道上的建筑，更老、更朴素一些。有些建筑维护得不够好。一栋空置的建筑挂着"待售"的牌子。后院还有垃圾，维护程度很差。这是因为地形不佳

造成的吗？一栋简单的白色石头房子标注了建造的时间——1850年，比其他建筑老得多。在街道的另一侧，有两栋比较老的房子，但没有1850年那么久远，最近经过了翻新，翻新工作看起来很专业。

从河边通向伍德伯恩大街并与克莱茵景观大街相交的塔夫特路（Taft）上，是紧邻的一组建筑，建于19世纪早期或中期。在塔夫特路与摩尔曼大街（Moorman）交会处，一栋砖结构的建筑刚刚翻新过，翻新工作做得很不错。这一小片分区是年轻人"找到"的吗？此时，一个白人女性正站在塔夫特路与英格尔赛德大街交会处。麦克米伦大街南侧的这个区域似乎是种族混杂的地方，往西通向伍德伯恩大街、往北通向麦迪逊大道的区域则出现更多的黑人。

当我们到达麦迪逊大道，便再次见到第七街基督教长老会。这个教堂的状况如何？教堂的石头看起来很新或者最近刚清理过。圣堂屋顶的细部有着明显的现代风格，就是那种当今流水线上生产的用来连接金属和石头的产品。但尖塔是旧的，另一侧更小的一个尖塔也如此。如果圣堂与那些尖塔一样久远，那就应该更大一些。啊哈！这是一个新的圣堂。那么老的圣堂发生了什么？也许被大火烧毁，然后重建了。如果按照原来的规模重建，教堂负担不起，但建造还是非常精美、非常昂贵的。如果这里曾经发生过一场火灾，那么是有人故意纵火吗？这会是跟种族对立有关吗？所有这些都是没什么把握的推测。如果所有这些推测都是对的，那么教堂的成员选择在此重建教堂而不是离开这里，这一点还是耐人寻味的。

沿着麦迪逊大道，我们往东走回到出发的地方，见到白人小孩正与他们的爸妈一起离开。这里也有一所学校。他们走向停在麦迪逊大道和北侧小路的汽车，所以这所学校看起来吸引了家离学校有相当距离的学生。现在我们见到有更多的年轻学生和家长正在离开多尔蒂学校的操场。那些孩子看起来精心修饰过、一副上流社会的气派，梳着昂贵的发型。

学校和教堂在这里已经存在很久了。尽管原先住在这里的人们可能逐渐搬走了，但为他们服务的机构还保留着，继续为同一阶层的人群服务。这些机构原本可以搬走，但可能新的需求市场并不是集中在一个地点。那些机构对当地社区有没有一种责任感呢？我们没法知道。如果这里存在紧张的种族关系，那么还不至于紧张到把这些机构赶出去。

当我们接近出发点的时候，我们推测麦迪逊大道上有些老的独户住宅是否已经悄悄地转变成了机构的用途，只是表面上看不出来。也许真有迹象看得出来——这里停放的车辆比你所预期的一个独户住宅会停放的车辆要多。

在我们开始这次步行的那个小型商业区，画廊正在营业，两位穿着时髦的白人男子正往外搬东西。我们注意到有一间蓝调爵士乐俱乐部（Blue Wisp Jazz Club）——难道这是最近这个区域以黑人为主时的遗存？

居民在哪里购买食物呢？早年他们又是在哪里购物？两个主要交叉口（麦迪逊大道与托伦斯林荫大道、麦迪逊大道与伍德伯恩大街）似乎是逻辑意义上的中心，但现在看起来那里并没有什么特别显眼的商店。居民可能不得不开车到区域之外的购物中心购物。对于新的商业开发来说，这里是一个未开发的市场吗？

我们想再次弄明白，麦迪逊大道上那些非常大的房子作为独户住宅如何能够维持下去。最富有的人不再居住在这里，我们是根据这里的草坪缺乏全天候的人工维护、房屋没有经过重新粉刷等迹象做出这样的判断。在其他城市，这样的住宅极有可能已经被改造为多单元租赁房或被机构使用，或者被夷为平地以修建新的公寓单元楼。现在的业主能够雇用兼职的维护工人，而不需要支付太昂贵的花费了吗？辛辛那提市能提供大量专业的房屋维护工人，他们的工资相当低。如果已经是这样的情况，那么这种情况会一直维持下去吗？

　　对此，我们得出结论，这个城市已经做了一些集中的规划来稳定这个区域，对物质环境进行升级改造或建造新的住宅。在费尔菲尔德大街上的建筑修理工作，给许多建筑分派的新门牌编号，麦迪逊大道和伍德伯恩大街交会处建筑的修复工作，以及在麦迪逊大道以南对老房子，甚至是历史建筑的修复工作，都证明了这一点。改善工作看起来比较分散，似乎负责这项修复工作的人正在摸索之中，还不太清楚什么会起作用。他们可能会找单独机会来做修复工作，希望以这种方式来改善就足够了。如果有这种公共力量的推动，那么居民就会积极参与，至少在某些区域是这样的。

　　这个区域的某些部分可能正在衰败，但衰败的趋势在大部分地方得到了控制，这归功于政府和社区的关注。但东胡桃山大约一半的区域，包括西部和西南部，那里的居民更穷困，容易出现经济、社会和物质环境的衰败；那些欠富裕的人群以及他们所在的周边社区是最易受经济周期变化影响的。另一方面，东部地区似乎处于适度士绅化的过程中。如果现在或将来的业主不能再继续维护麦迪逊大道上那些昂贵的大房子的话，它们迟早都会发生房屋用途转变或者被推倒的可能。居民应该关注这种可能性。居民可能不想承认这里存在房屋用途转变、机构化或被夷平的可能性，除了严格执行独户区划法之外，他们或许对可能的解决方案都不感兴趣。如果改造这些房子的方案真的提出来，那么要讨论这个问题，并且将来及时按其他方式发展就会变得很困难。一

1. Ralph Bolton, Martin Griesel, April Laskey, Don Lenz, and Charles Lohre.

个城市规划师应该一直关注这个区域发生改变的迹象，并且应该在脑海中形成一些可能的解决办法。

麦迪逊大道有着英国高街（English High Street）的许多特质：建筑朝向宽阔的街道，零星分布，通常在重要的十字路口才有一个非常大的商店与建筑的集中之处。这是不是麦迪逊沿街的发展模式？沿麦迪逊大道发展起来的聚集在十字路口的商业模式是由那些从河边垂直延伸过来的老街所形成的吗？这种模式是否会延续到东胡桃山之外的区域呢？当观察结束时，我想到了这些问题。现在是上午 11 点 15 分，开始下小雨了。

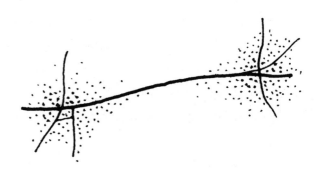

辛辛那提市经济发展部（Department of Economic Development of Cincinnati）三位学识渊博的职员以及后来的两位居民访谈者回应了我们的观察和判断。[1] 根据他们的回应，我们的大部分推测是对的。更具体一点，我们观察到麦迪逊大道和托伦斯林荫大道的商业区的士绅化，也是对的。那间酒吧餐厅大概营业了一年，是由辛辛那提市城市议会的一个会员开发的。它正在招揽年轻的管理层的顾客群。

居民们在海德公园（Hyde Park）购物，那是一家邻近的非常完备的购物中心，他们已经在那里消费许多年了。胡桃山商务区也在附近。对于一个新的面向本地的购物中心是否有市场这个问题，即使是专业的市场分析师也各有各的看法。

麦迪逊大道上的大房子都是独户住宅，但其中两栋已经被转变为机构。东胡桃山曾经是非常富裕的区域，一些非常富有的人仍然住在这里，可能在我们没有到访的小街上。麦迪逊大道上的房子业主担心房子会被改造为公寓，于是强烈捍卫这里的独户住宅区划。在这个地区以东的一个社区，这种转变已经发生了，这与社区的衰退和种族关系的紧张有关。

麦迪逊大道北侧紧邻的区域正致力于维持种族和经济的融合。长期以来，这里是一个高收入白人和低收入黑人混合的区域，当地对这种事实上和历史上的融合特点感到颇为骄傲。根据一位评论者的说法，现在更多的中等收入白人搬进这个区域。东胡桃山联盟（East Walnut Hills Assembly）的市民组织相当活跃，尤其在麦迪逊大道区域。

第七街基督教长老会在 20 世纪 60 年代后期辛辛那提市的种族骚乱中被炸毁了。爆炸可能是因为种族问题引起的，但经证实，某个教堂相关人员应对此事负责。区内的私人学校收费昂贵，大部分学生来自区域之外的邻近社区。

在东胡桃山区域，有一个公共项目正在实施，旨在修复旧建筑以及推行建筑规范。观察者并没注意到的是，有一个再开发基金会（Redevelopment Foundation）在区内很活跃。麦迪逊大道和伍德伯恩大街交界处正在翻新的圣马可大厦将为老年人提供补助住房。然而，这个十字路口那块种植了草皮、围了栅栏、维护良好的地块不是公共所有的。它是被位于地块边上我们看不到的那一侧的一个保险公司买下，为将来的使用而保留的。

我们对于伍德伯恩大街区域的推测是准确的。再开发基金会的负责人觉得这个区域很棘手。当基金会与现有业主一起改善这个区域时，基金会是持观望态度的。这个区域的城市开发部起到了积极作用，关于这方面我们得出的这个结论大体准确，而关于什么种族和哪种收入人群住在哪里的推测也是对的。一位曾经住在这个区域的职员证实，麦克米伦街道南侧的人们大部分都相互不认识，他们的社会和经济地位都与街道北侧的居民不同。

一位父母住在这个区域的受访者和胡桃山再开发基金会的主管，就我们关于麦迪逊大道上的大住宅的观察和预测进行了回应，并给出了细节。这些房子中的一部分仍然由非常富有的人居住，但其余的则被年收入为 4 万美元到 20 万美元的夫妇购买了。这些人想住在宽敞的老房子里，即使他们不能很好地对其进行维护。他们自己完成了很多维护工作。参与讨论的人们都认为区内居民会奋力地抵制允许改建这些住宅的提议。这类提议确实曾在 20 世纪 70 年代被提出，并遭到了居民的反对。这与我们实地观察到的信息一致。

我们也查阅了东胡桃山有关的数据和报告，以检验实地观察者的解读和分析。大部分数据来自美国人口普查（U. S. Census）和当地的研究。这类信息通常没有涵盖或提到以下因素，如：区域的历史、市民活跃的程度、商业区的性质、目前投资的水平、社会的紧张关系、改变的可能性或者比人口普查区范围更小的其他活动。统计数据也往往过时了，不会传达丰富的细节和我们在东胡桃山观察到的动态变化。观察却可以做到！而第二手的数据则能为这个区域和整个城市提供一些长期的人口统计和住房的信息。

关于东胡桃山的居民人口曾经历过什么变化，实地调查的数据是沉默的，尽管人们可能一直希望它能提供一些线索。房屋空置情况被观察到了，但只是顺带的。在 1970 年和 1980 年间，这个区域的人口下降超过了 24%，达 4106 人之多，远远大于整个城市 14.8% 的下降率。调查人员认为未来这样的剧烈下降可能会更明显。然而，1970 年以来，住宅单元的总数量相当稳定，和居民户数一样。1980 年的空置率为 10.8%。每户的人口数略有所下降，但比起其他物质环境的变化，这一特征并不太明显。

1970 年至 1980 年间，黑人的人口数量在总人口数量中所占的百分比相当稳定（32%～33%），尽管他们实际的人口数量下降了22%。实地调研发现了黑人和白人居住的区域，但没有发现居民种族构成的变化。我们的确猜到麦迪逊大街、伍德伯恩大街①、克莱茵景观大道的这些区域在很长一段时间内可能曾以黑人为主，而且那里的商业区明显从为黑人服务的区域转变成更富裕的、为白人服务的区域。

1974年，占压倒性数量（93.5%）的住宅单元被认为是在标准状况下的。实地调研则发现只有一个小区域的房屋是很差的状况，人口调查的其他信息既不能肯定也不会推翻此判断。这个区域对新建住宅的市场需求是有限的，从1975年至1982年间新项目获批的许可证数量很少可以知道这一点。

如果获得的统计数据不能帮助感知社区的动态变化，当地居民则能弥补这个缺失。社区报纸证实了东胡桃山在1983年是一个有活力的区域，许多人都致力于改善物质、经济、社会的环境。

我在第3章讨论的所有单一的线索在东胡桃山实地调研过程中都是非常重要的。然而，在实践中，当我们找寻问题的答案时，线索之间是相互关联的，并且与我们的知识相关联，这个关联过程几乎是无意识的。区域现在的状况如何？住在这里的感受是怎样的？我会在这里投资或者其他人会在这里投资吗？这里存在问题吗？未来可能会发生什么？

关于这些问题，你会仔细思考答案或可能的补救措施，设想着通过更多的研究来证实那些假设。在我们进行实地观察的很早阶段，我们思考的不仅是麦迪逊大道旁的大房子潜在的变化风险，同时也思考可能的解决办法。允许在大面积的土地上加建

① 此处原书中为 Woodward，应为笔误，根据前文应为 Woodburn，即伍德伯恩大街。——译者

是否合适？应该怎样向不愿意思考此类问题的居民提出这个问题呢？是否需要准备好解决办法呢？在另一个案例中，我们探究了如何处理伍德伯恩大街旁的被边缘化的功能用途和空置单位，我们也思考了麦克米伦大街旁的大地块易发生改变的程度。但那些问题或许多可能的答案并不是由某一特别的地块、某一座特别的大房子或空置的店铺引发的，而是它们相互之间的关系以及区域所处的更大的背景所引发的。

第 5 章

观
察
变
化

城市的物质、社会和经济的结构往往以相互关联的方式持续不断地改变。当城市发生了新的变化，居民和他们的代表，包括城市规划师，都会做出回应。人们聚集在市政厅或规划委员会，了解这些变化将如何影响他们或反映他们正在经历着什么影响。居民可能对空置地块上的新住宅开发感到恐慌，因为他们并不希望其进行开发，或者因为这栋新住宅与他们的住宅不一样。如果周边社区发现交通因此变得更繁忙了，居民们就会希望采取一定的措施来解决安全问题。当与辛辛那提一样的那些老旧的大房子被改变为其他用途时，邻居们会察觉到这个问题并想知道它意味着什么。如果当地的商业区甚至整个中心区已经很长时间没有什么生意，商家会变得忧心忡忡，但他们不一定会及时采取行动去挽救这种衰退的境况。

要留意到变化正在发生，将会发生，或者不太可能发生，这是面对变化的第一步，即使我们的反应就是什么都不做，也要留意到这一点。相比其他的研究手段，观察往往是更快觉察变化的手段。

区域之间的变化

当一个人走路或开车的时候，他会以某种方式知道自己正进入一个不同的区域。他是怎么知道的？在旧金山的海耶斯谷区域（Hayes Valley），是什么让高速路附近的步行者得出结论——他们处于一个有争议的区域？通常来说，人们可感知到人群、建筑、房屋或街道的布局、街道细部、交通或土地利用等因素的变化——个体线索的模式所发生的变化。

大多数的模式是单一因素的放大版本，包括：某些功能用途覆盖整个区域而非单独一个场地；建成时间一样、大小或布局相同的许多建筑；衣着或外表特征类似的人们；统一品质的材料和维护；统一的公共工程，如人行道、路缘石、街道宽度、灯以及标识牌。区内的有些特征给人留下印象，观察者会说，"这里好像是一个'富裕'的区域"，或是一个"穷人区"，又或者是一个"为本地服务的商店"。观察者无须拿着一份具体的、有待求证的模式清单才开始观察，这种清单会限制观察的过程。如果能发现新模式，而它并没有在清单中列出来，这种情况最能够说明问题。

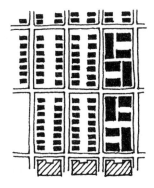

不同功能用途、不同尺度建筑或不同人群的混合而造成特定模式的缺失，可能会在一个区域与另一个区域相互比较时起到非常重要的作用。在美国城市里，物质形态上各不相同的区域，在经济和社会形态上也很有可能呈现多样化。当规律性与无规律性形成反差，就可能标志着从一个区域转入了另一个区域，比如街道的建筑退缩或土地用途最初都一致，但随后突然变得不一致了。有时候，线索就是从一种品质、尺寸、用途甚至人群转变为另一种的发展过程。

人们在某种程度上是通过甄别模式的不同，清楚地意识到模式在何处发生变化或消失，并考虑不同模式的叠加来发现地理信息的变化。正如良好的维护不一定总是与某些特殊类型或尺寸的建筑相关。

当我们发现两个区域之间存在的变化时，我们开始提出疑问——这些变化是否"正常"？例如：在近郊社区，你会希望观察到在独户独院的住宅区之间有一个购物中心，你认为应该不会在居住区的中央见到一栋高层公寓楼或一栋正在修建的办公大楼。如果模式或发展进程并不像你设想的那样——在开发和未开发土地之间存在明显的分界，而不是更为常规的由城市蔓延到乡村的模式——那么你就应该思考这是为什么并且寻找合理解释，也许存在强有力的公共政策阻止了这种蔓延情况。另一个例子是靠近城市中心区有大片未开发的地块。也许是由于业主找借口或是由于建造有难度（如一片沼泽地）而使它的发展被遏制了，并且一直到边远地区的土地都发展起来之后很长时间才开始建设。又或者这是一个类似美国城市再开发的公共项目，最近几十年清理了许多城市内的大片区域，这一点有可能解释这种新的模式为什么会出现。观察者对于当地历史的了解程度不足以解释这种模式，而认识到这一点也是非常重要的。

区域内的变化

观察区域内的变化与找到区域之间的变化有很大的不同。这是一个时间问题，而不是尺度空间变化的问题。改变是在模式内部发生的，通常是以一种"新"的或较新元素的形式出现，在本质上，或性质上，或只是因为它的崭新而与周边的环境显得不同。而我们需要寻找的特征是某一元素在其所在的环境中表现出的新颖性，它与模式相关的特征（例如尺寸或质量）以及它的数量。即使新的大楼在建筑设计和细节上与邻近的旧建筑相仿，但让它看起来"新"的元素——喷涂、木料、景观、风化程度以及其他地方，仍使之与旧建筑不同。

尽管同样是独户家庭的类型，但一栋新房子比它周围的建筑明显更大、使用了更贵的材料，这说明建造者或业主要么不考虑投资的差别，要么认为这个投资是安全的、周围的环境很稳定或者将要升值。如果你见到不少这样的房子，也许这是一种新的模式，可能意味着这个区域特别需要昂贵的房子。在一条交通繁忙、车速快、功能用途混合或存在非居住功能的街道上，沿街建有新住宅并有人住在里面，就像你在旧金山的瓦伦西亚街（Valencia Street）上见到的那样，说明这个区域对于住房的强烈需求，也许整个城市都是如此。但在这样的环境中，高空置率或边缘化用途的建筑会更为普遍。你不会指望有人会在这种买家和租客都不觉得有吸引力的地方进行投资。而旧金山的第 19 大道（Nineteenth Avenue）却又不同，街道上车辆快速通过、高分贝、吵闹，但那里的入住率高而且还能见到新建筑。

　　新的办公大楼要么标志着突然的变化，要么标志着现有模式的延续。在旧金山的中心区，你能见到不同建设年代的各类建筑，办公建筑的建设一直持续着。而在亚伯达的卡尔加里（Calgary, Alberta）却不同，大多数新办公建筑都是在短短几年内建成的。我们需要看一看最新的开发正在哪里进行，问一问新的开发是否有模式可循、是否按照一定方向在发生变化。在旧金山，新开发的方向很明显是向市场街南端的区域延伸的。但为什么新办公项目不是从蒙哥马利大街（Montgomery）和加利福尼亚大街（California）那些旧的、显而易见的核心区向各个方向往外延伸？紧邻核心区西部是中国城，尺度小而且老旧，往北是旧的、以砖建筑为主的芭芭拉海湾（Barbary Coast）区域。为什么新开发没有转移到那里？那里是否存在经济或文化上的限制？我们不仅要研究开发正在哪里进行以及为什么在那里，还要研究为什么开发不在某地进行，这一点非常重要。

　　在较小的尺度进行观察，通过新的招牌、新的布局以及粉刷过的室内、新的装饰、新的存货，你可以在一个老旧的商业区找到新商店或确认这里是不是没有新商店。在发现了这个旧区里的新元素后，我们就要思考商店可能在其他什么方式上也发生了改变——商品的类型？价格？风格？新商店的目标客户与原来光顾旧商店的那些客户是类似还是完全不同？这种变化是不是可以反映附近人口的变化？如果我们在旧的环境中见到许多新的商店，我们当然要寻求这些问题的答案。

修复也可以是一种新的迹象。在旧建筑上进行的集中翻新并不说明什么，那可能只是一个精明又有说服力的木板瓦屋顶、铝外墙或窗户推销员的杰作而已。但推销员也许是一个好的环境"解读者"，他能捕捉到这里的建筑翻新的时机成熟了，他也知道这些居民会接受他的产品。或者如果附近有大面积的翻新工程，说明区内有联合行动，这可能是社区抗争的结果或公共市政工程；特别是如果这里有新的人行道、路缘石和照明，这种可能性就更大了。或者翻新也可能意味着有更高收入的新业主取代了原有居民。

所以现有模式中"新"的性质如何，能显示出物质环境和经济的改变方向。如果那点"新"实际上是在一个依然很旧的模式下，持续了10年或15年之久，我们就应该想想这些变化是什么时候停止的，以及为什么停止了。这一点将继而引导我们进一步去思考未来变化的方向。

多大的变化才算显著？

一条街道上有两三栋新建筑，也许并不代表有明显的变化。所以，发生了多少变化才称得上是有显著的变化呢？如果你知道美国的城市人口迁移的频率、一个街区大约有多少居住单元，或者将一年中人们最有可能搬迁的时间也考虑进去，那么就不难算出有多少"待租"或"待售"的告示牌才算得上"很多"。我们也可以将一条街上新的或最近开发建设的商店以及办公楼的数量和规模与之前的不同功能的建筑总数进行比较，从而得到对新旧建筑比例的判断。要回答多少改变才算得上是很多的改变这个问题，首先需要计算，之后你可以转用其他研究方法进行核实。

变化的周期

变化是可以预计的。新的和不同的部分可以通过这个区域与某个周期之间的关系来解释。例如 20年或 30 年后，那些 20 世纪 50 年代建成的独户住宅的业主已经准备好要搬走了，他们的家庭成员已经长大了或者房屋需要大规模的维修。所以这个区域的人口变化是可以预计的。少数族裔地区，尤其是移民的区域，在人口老化以及人口被同化的时候会发生变化。工业区发生变化，当技术和产品更替时建筑也可能会逐渐被废弃。面对变化时，仓库比那些安置重工业的建筑更有适应性。办公建筑的发展和成熟看起来也遵循了某些发展周期。这些周期并不确切，对于人口混杂的、更老的区域，带来改变的驱动力也是模糊不清的。但我们只要意识到这些周期有助于解释一个区域的变化就可以了。

变化的方向

沿着街道行走，你会开始发现不少线索，这些线索与构成模式的线索是不同的。也许人是不同的，或者建筑的类型和用途是不同的。转变也不是突然发生的。那么变化是不是也有方向感呢？例如，在一个正在提升过程中的区域里，我们会看到昂贵的改造工程、更昂贵高端的商店、更高收入的人群。这些在旧模式中出现的新线索有着它们自己的模式，其中之一就是地理方向的变化。就好像在看一个散点图，散点图内的元素形成一个图案，指向特定的一个或者多个方向。

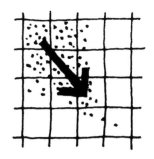

我们再进一步去思考：什么因素可以介入并去加速或阻止一个可见变化的方向和速度？这个障碍可能是物质的，例如一条宽阔的、分隔的街道或一座陡峭的小山丘。区域内的障碍还可能是社会因素造成的，比如居民或政客希望阻止办公功能蔓延进入居民区时，就会进行抵制。外部的因素也会产生干扰，例如大规模的联邦政府主动权被削弱，与城市再开发过程中所发生的一样。或者某个变化会停止，是因为它与这个区域或城市里的经济推动力不一致。观察过程中引发的问题应该导向进一步的研究，这样有助于预测下一步可能会发生什么。

易损性

易损性是指"将会或容易受到皮肉外伤或心灵创伤""对攻击毫无防备的"或"难以抵挡"。相比人口的和经济的统计数据，有时候物质的线索能更快地告诉我们哪个地区具有易损性。

如果你站在城市区域的边缘地带，右边是大规模的新建项目，左边是农田，那么你就有理由推断出这些农田有受新建项目影响的可能性。在旧金山太平洋高地的南坡，最近的翻新工作是在维护很差的少数族裔聚居点进行的，那里很容易有士绅化的改变。与此类似的是，在20世纪四五十年代，某个区域较低水平的维护，加上某些空置的房子和"待售"的牌子，以及持续迁入的低收入少数族裔族群家庭，都说明这个地区同样容易发生改变，只不过它是朝着另一个方向发展变化而已。我们怀疑就是这样的线索导致了旧金山西增区的大型重建计划——土地的征用和清理工作是为了阻止区域衰败的趋势。尽管我们可能会对已经采取的行动感到不安，但我们承认是这些可见的线索导致了行动的发生。

那些经历巨大改变的区域都是弱势的，而那些脆弱不稳定的区域更是如此，无论其易损性是表现在物质环境、经济环境还是社会环境上。一个脆弱不稳定的区域很可能是这样的：区内的居民只能最低限度地勉强维护自己的物业，区内的低收入居民在经

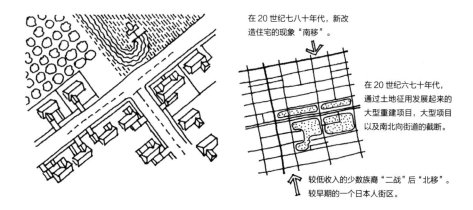

在20世纪七八十年代，新改造住宅的现象"南移"。

在20世纪六七十年代，通过土地征用发展起来的大型重建项目，大型项目以及南北向街道的截断。

较低收入的少数族裔"二战"后"北移"。
较早期的一个日本人街区。

济困难时期最先遭受冲击，所以对于他们来说维护房屋和支付按揭都很困难。如果房屋老旧而需要得到持续的关注，那么更有可能快速老化。有些区域的维护依赖外部财政的支持，例如那些容易受政治风向变化影响的政府资助项目，它们在面对变化时的易损程度会成倍增加。在20世纪80年代早期，我们可能关注低收入区的未来发展，例如奥克兰的东普莱斯科特（East Prescott）。当地居民曾投入大量精力去改善这个区域，但这里最近新建的邮政服务总部和一个计划兴建的公共资助的交通运输中心会赶走一些居民，并加剧社区的易损性。然而，在东普莱斯科特，有些线索显示人们曾被组织起来，通过社会的、也许是经济的项目对区域进行改善——张贴出来的会议通知、空置的或被烧毁的物业被快速围蔽起来、在大片区域新建的人行道和树木、诸如此类的工程在进行之前会向居民咨询意见。所以这个区域未必如你设想的那么脆弱。那些社区居民没有被组织起来的，或没什么政治权力的区域才更为脆弱。

流于表面的维护和修复与房地产投机有关，是具有易损性的标志，比如使用廉价的新材料覆盖在

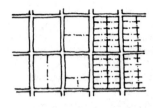

表面，而不去理会漏水、地基问题以及其他更基础性的结构问题。正在开发的区域内，被私人持有的大块土地比许多小块土地更具快速改变的可能，因为它的决策所涉及的人更少。

如果居住区里有完好的、容易改造的建筑，这些建筑坐落在一条街道上或位于健康的、正在扩展中的商业区的边缘地带，那么这种区域改变的可能性更大。商业租客（律师、医生、专业办公、商店）通常比住户能支付更高的租金。另一方面，有些区域的建筑状况没那么好，区内的商业市场小，交通模式也有新的或正在推行的变化措施，从而会增加噪声或让车流加速，那么这种区域就容易有衰败的可能。

被孤立的区域、被格雷迪·克莱（Grady Clay）称为"城市夹缝"的区域或者无主土地，常常是屈从于快速变化的。快速路和其他大型公共工程倾向于选择在那些极少人居住或了解的地方修建，而不会选择许多人活动和关注的地方。在工业区修建一条新的大型排水管线比在中产阶级居住区修建要容易得多。在旧金山，比较合理的做法是，高架快速路修建在工业区和居住区两个大不相同的格网形态区域汇合之处——一个几乎没什么人了解的地方。在那些人们熟悉的区域，如果高速路延伸至此就会受到抵制。穿过旧金山南湾区（South Bayshore area）或烛台公园体育场（Candlestick Park Stadium）的高速路就没有遭到任何抵制，因为这些区域对于大多数人来说都是不太了解的。

具易损性并不意味着变化一定会发生，也不意味着如果变化发生了，就必定会很快。人们容易错误地预测改变都会很快，就如同容易低估了改变的可能性一样。我们听说过有些区域"在一夜之间发生改变"，但通常情况下不是这样的。易损性的迹象很可能已经显现一段时间了，如果人们对它留意的话。如果重视对易损性迹象的观察，那么就该核查其他指标——物业价值、投资模式、人口普查数据、周边发展的特征和速度——以便了解变化的迫切程度。

针对变化的提问

另一种思考这些指标和变化方向的方法就是提出一系列问题：

• 变化是不是遵循了某些模式？如果是，那么这些模式具体是什么？

• 这些模式是不是跟设想的模式以及城市发展进程相一致？

• 是否有新的因素出现而打破了旧的模式？新旧之间的区别是什么？

• 有多么不同才算是新的，新的因素看起来有意义吗？

• 变化的频率是快还是慢？

• 关于变化为什么发生，新的因素告诉了我们什么？这些变化不是应该会在这个地方发生吗？是否有本质上的改变或现有状况发生了改变，这些变化暗示了应对未来变化时的易损性吗？

• 是不是少了什么？公园？学校？购物的地方？

• 有没有什么其他额外的信息能有助于回答那些由观察引发的问题？

我要特别建议的是，观察者把上述各种各样的问题保存在他（她）的潜意识里就可以了。如果过于执着地寻找问题和变化是毫无用处的，因为你会"找到"事实上并不存在的问题。我们希望找出的是现有的和潜在的改变。
• • • • • • •

第 **6** 章

发现未知

当希望了解城市环境的人将实地观察作为研究手段时，有三个主要因素参与其中：个人的价值观和体验对客观性的影响程度；结论来自新的观察还是之前获得的特定状况的相关知识；从城市环境获取的信息受到文化束缚的程度。即使一个美国人能经常从对美国的观察中获得有用的信息，那么他在意大利、中国或南美也能找到这样的线索吗？这里我将研究线索在不同文化中的可转移性，更为重要的是探究和分析方法的可转移性。带着一些惊讶，更多的是满意，我已经可以得出结论：通过观察真的有可能获取很多信息，甚至是国外一个城市的过去、演进、现状以及动态变化。虽然你不可能像对自己家附近的区域那样对它了解得那么详细，但你还是可以通过观察了解很多。

1981 年 11 月在中国的短暂停留，促使我认真思考相同的观察探究方法是否能用在别的文化背景之中，如同用在我们自己的文化中那样。线索可能是不同的，例如：在印度或意大利，建筑外部的维护可能不会像在美国一样那么重要；人们的着装风格可能更难解读；观察者对于社会、经济历史、建筑风格、政府和当地问题的了解也可能不够全面。

即使在美国弗吉尼亚州的夏洛茨维尔（Charlotte-sville, Virginia）这些不那么陌生的环境中，我也曾错误地得出过结论，认为不连续的街道形态说明西大街（West Main Street）两侧的开发是在不同时期进行的。后来我才知道不连续的街道形态在南部①很普遍，目的是阻止黑人步行穿过白人领域。尽管如此，我还是由一个信念——实际上是一个挑战——开始了我的研究，我相信从可见的线索中可以得到很多信息。

在印度加尔各答（Calcutta），你会发现穷人区与富人区的差别。人们饮用从街道的水龙头流出的褐色的、明显未经过滤的水，或使用水源旁边的排泄物漫溢的茅厕，这些都清楚地显示出这个区域的贫穷和健康问题。在中国或俄罗斯（Russia），你能分辨出新旧建筑，并大概估算出内部房间的规模。不同空间的尺寸、质量和相对的新旧程度，并不一定能显示出住在里面的人的收入状况，不过可以显示不同的标准。在中国、印度或韩国（Korea），你能通过一家餐厅的外表，判断出这是一家比较高级的餐厅，这与在美国是一样的。

　　1982年，我曾有机会在意大利待了几个月，我决心看看这个方法如果用于此处，所得出的结论与在美国本土所做的研究得出的结论是否一样。不出意外的话，远离我的原生文化可能有助于检查我在家里研究出的结论是否合理。

　　我在意大利的四个区域测试了这个方法，包括：罗马周边的两个地方，还有一个在博洛尼亚（Bologna），另一个在米兰（Milan）。我并不熟悉这些区域，它们是由熟悉了解这些地方的人们选定的，他们包括高级规划官员和一位学识丰富的本地居民。我一到达罗马，就开始了行走和观察，当时我对于这个城市和意大利的历史还知之甚少。两个月之后，当我去米兰和博洛尼亚时，我已经了解更多了。我花了四至六个小时到处走，观察每个区域。然后我会尽快地（通常是在当天）将我的结论和分析交给专家确认。而后我再查阅相关文献进一步验证我的观察[1]。

了解罗马的泰斯塔乔（Testaccio）

　　泰斯塔乔位于中部罗马的台伯河（Tiber River）

1.关于每个案例研究的详细描述正在筹备中，将由加州大学伯克利分校城市与区域发展研究所（the Institute of Urban and Regional Development, University of California, Berkeley）出版。

的一个拐弯处，紧邻阿文庭山区域（Aventino，罗马七座山丘中的一座），距离主要铁路客运站一两英里远，距离罗马大斗兽场（Coliseum）15～20分钟步行距离。这个区域的名字的意思是"陶瓷碎片"，是以它南边接壤的一大片山丘来命名的，山上都是陶罐和花瓶的碎片。这是一个建筑密集的中心城市区域，由河流、山丘和一条主要街道清晰地勾勒出它的边界。这里并不出名，因为它多少有些偏僻，没有重要的历史建筑（按照罗马的标准），也没有重要的事件在这里发生过。沿街的四至六层公寓大楼可追溯到19世纪末期，临街设有商店。这里还有"二战"后修建的建筑，并且有商场、教堂以及一个开放的广场。街道上人来人往，车水马龙。

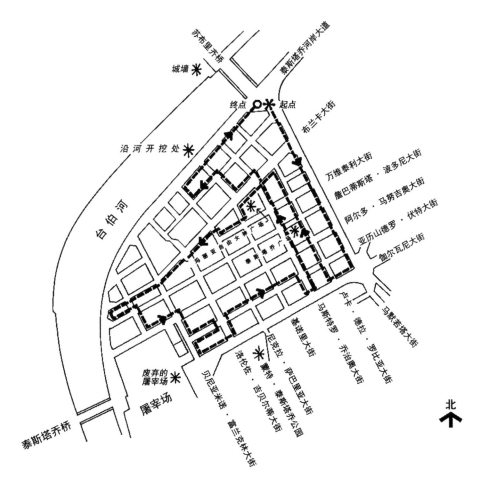

苏布里乔桥
城墙 ✳
泰斯塔乔河岸大道
终点 ⭕✳ 起点
沿河开挖处 ✳
布兰卡大街
万维泰利大街
儒巴蒂斯塔·波多尼大街
阿尔多·马努吉奥大街
亚历山德罗·伏特大街
伽尔瓦尼大街
台伯河
卢卡·德拉·罗比亚大街
马斯特罗·乔治奥大街
泰诺里亚大街
尼克拉·萨巴里亚大街
蒙特·泰斯塔乔公园
洛伦佐大街
贝尼亚米诺·吉贝尔蒂大街
马鞍诺伯大街
废弃的
屠宰场 ✳
屠宰场
泰斯塔乔桥
北
↑

罗马泰斯塔乔的步行线路

0   250   500   750   1000 英尺

比例尺

我们从昔日的断墙残垣和其他一些遗迹废墟可以看出早期罗马的发展痕迹，并且可以见到河对岸其他的古城墙。男人们正在沿河的旧砖拱上工作，说明这里正在进行历史保护修复工程。如果我在学校所学的记忆还准确的话，那些长长、窄窄的砖可追溯到罗马帝国时期。从古罗马时期到19世纪末期之间的漫长岁月里，泰斯塔乔曾有过什么呢，现在见到的大多数公寓是什么时候建造的呢？[2]

2. 诺利地图（the Nolli map）展现了18世纪的葡萄园和农业用地：Gianbattista Nolli, "Roma Al Tempo Di Benedetto XIV, La Pianta Di Roma-del 1978", Cittá del Vaticano.

从这些统一的宏伟建筑的外立面中判断出公寓的尺寸是不容易的，但是这些公寓门铃和名字牌的数量，以及通过窗口所看到的里面房间的分隔，都显示出公寓的单元普遍很小。这些也说明这个区域最初是为收入不太高的人群建造的。周围的工业建筑和低海拔高度也说明了这一点。随后我了解到这些公寓最初是没有独立的管道设施的，这些是建成后很久才增设的。这个信息有助于肯定我的结论。

公寓的大小，加上这个区域里人的年龄、仪容、举止和衣着，商店的类型、内饰以及标示出来的价格，对于了解泰斯塔乔现有的居民都是很好的线索。更重要的是最近维护和修复的证据——刚粉刷过的建筑、新的或刚涂刷过的百叶窗以及刚完工的迹象。这里的许多居民仍然是收入不太高的，但这是一个混合区域。建筑上的告示牌显示有些出租的单元已经被改造为公寓，这暗示了高收入人群的存在。某些地方由某一类收入水平的人群所占据，但可能有个别其他收入的人混杂其中。许多较为年长的人和他们的家人还留在这里。

分辨区域内长期的物质环境变化是不容易的。不可否认的是，泰斯塔乔广场（Piazza Testaccio）不再是一个广场，而是一个常设的市场，食品货架和货摊的"年龄"说明它是"二战"后建造的，这里还有一些战后的住宅。对于外国观察者来说，要分辨出属于法西斯（Fascist）时期的变化——在马默若塔大街（Via Marmorata）上只有两栋法西斯风格（Fascist-style）的建筑——或者推测出被战后住宅所取代的建筑曾是什么，或者为什么被取代都是相当困难的。

然而，在这里发现的短期的变化和当前存在的问题，与你在某个美国城市里的发现惊人地相似，并且有类似的线索。这一点就说明有很多问题是值得思考的。从整个城市范围来看，这里是理想的居住地点，靠近罗马繁华的中心。早些时候，这个区域因为有一个屠宰场，曾经有过非常负面的形象。如今屠宰场看上去已经废弃了，当然这点未经确定，另外这个区还有低收入人群住宅。假如罗马对于住宅有大量的需求，假如附近的工业不会令人讨厌，假如许多高收入的欧洲人仍然喜欢住在城市中心，那么泰斯塔乔对于住宅的需求应该是非常强烈的。我们所观察到的正在进行的住宅翻新工作说明正是如此。

也许事情的发展是这样的：年长的、一般收入的人住在这里，他们住在租来的或自己持有的公寓里，因此这里现在有一个强大的居住需求的市场。意大利也许有一些对于租赁的控制，所以业主尝试将那些单元作为公寓进行售卖来克服这些限制。从市场和广场往北、往西，以及往南一点的区域正逐步经历士绅化。需求的层次根据区位的不同而有所区别，在西南部是比较老旧的、更低收入人群的住宅，其市场的需求较少。就建筑内部而言，其需求的层次主要由景观、单元面积和可达性来决定。

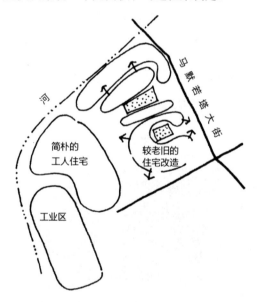

如果所有的猜测是对的（随后这点也被当地规划职员、居民以及所获得的历史数据所证实），那么旧时的、低收入的居民可能正在被迫搬出他们的公寓。但一个区域的人群不会一夜之间从一种收入层次类型转变为另一种。对于那些依然有支付能力或者能保留一席之地的人来说，泰斯塔乔将仍然是一个宜居的地方。

不太了解的罗马台伯提那（Tiburtina）

　　然而对于罗马的第二个区域——台伯提那大街，我的结论就不是那么成功了。不过比起泰斯塔乔，这里的步行观察更有收获。台伯提那与其说是个一个地区，不如说是一条长廊，台伯提那大街是它的脊柱。这条长廊大约 5～6 英里长，是从罗马中心区向东至东北方向发展的城市延伸部分，一直到城市外围的外环道路，也就是东部外环线（Circonvallazione Orientale）以及更远的地方。这条走廊可以被看作是由许多大大小小不同的居住区串在一起组成的，每一个都与台伯提那大街相连接。当人们从中心区迁出时，那些几乎都是由多户公寓住宅组成的区域变得更新了。1982 年，在大面积的空置土地或农田上开始了相当大规模的新开发。"二战"之后，早期的开发比后期的开发更为密集，多是偏远的住宅，大部分朝向台伯提那大街，也就是说，更多的商店和公寓的出入口直接设在这条街道上。距离罗马中心区越近，台伯提那大街越宽阔，空间利用更充分、开发更彻底。这里可以看作是罗马版的美国带状开发，即使它明显有较高的密度，而且更多地面向居住功能而非商业功能。如果停下来观察那五六块沿途的飞地，那么走完全程需要 6 个小时。

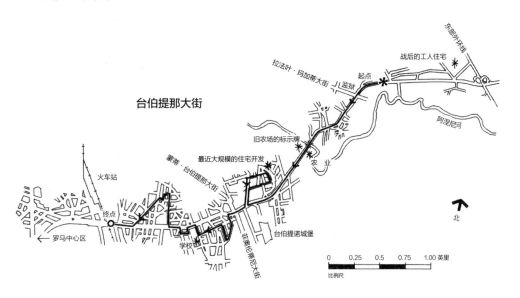

　　我原本计划坐巴士到台伯提那大街和东部外环线的交叉口，然后步行回到市中心，观察沿途的各个区域。但我的观察没有按计划进行。因为巴士途经的区域几乎都还没有开发，我以为已经错过了原定的步行起点，所以我也不知道自己身处何地就下了车，然后向着中心区开始往回走。后来我才发现，我还没有到达自己想去的那么远。

　　我逐个观察了大多数已开发的飞地，如同我在泰斯塔乔和美国的社区所做的观察一样，尽管台伯提那区域的每块用地都比较小，我在每块用地上花的时间也更少。我从观察中获得的信息和线索与其他案例中的类似。我能大体上说出这个区域在什么时候被开发（几乎都在"二战"后），谁住在这里（通常都是工人阶层，不富裕），居民的生活方式如何，甚至这里曾出现过的问题是什么（对更多的室内居住空间、更好的服务以及解决交通拥堵的需求）。可以看见大量新的建设，大部分都是高密度高层建筑。我发现有些区域已经被规划为用地单元，有些用地单元上正在进行

公共改善工程。我的主要印象还是关于各个独立的小区域的，对于较大的区域及其发展动态，我知之甚少。我在实地调研之后以笔记的形式写下的结论，还是很有建设性的。

很明显，台伯提那大街是一条重要的主干道。我想称之为一条"结构性"的路线，它为城市区域提供了结构框架，城市发展是沿着这条路建构起来的。那么离这条路更远一些的地方有什么——工业区？就业机会？

第一个（也就是离中心区最远的）大型新开发的区域是由密集的多住户公寓楼组成的，住宅都是新建的，还配套有商店、学校和一个小型中心公园，说明这里是一个经过规划的开发项目。居住单元的规模看起来比较小。[3] 当这里的居民不工作的时候，他们做些什么事情呢？他们去哪里？我认为这个区域存在的严重问题是缺乏足够的服务和设施，例如学校、开放空间、娱乐场所，这些问题是由于如此小的区域中容纳了太多的人所导致的。交通、停车以及公共改善工程是其他很可能存在的问题。

在多个已经开发的区域之间有大量空置地块，说明在某些方面存在问题——要么是无法获取空置土地进行开发，要么无法将其用作开放空间，要么已经预测到其开发会带来的交通影响。

3. 按美国的建造标准，那些居住单元面积事实上并不小，如果我用步测对它们进行实际丈量，这一点会更为明显。相反，我猜测意大利的居住单元实际上可能比美国的居住单元更小一些。而且我发现那里的人们会利用阳台来扩充单元面积。

台伯提那区域几乎所有人看起来都像是工薪阶层，极少数是穷人，也没有特别富裕的区域。稍欠富足的人往往住在更远的地方。离中心区越近，台伯提那大街就变得越没那么宜居了。街上交通繁忙，噪声强烈。但距离主干道一个街区之外的地方，车流就比较慢，也没那么多噪声了。这些区域可能在控制增长方面存在问题——这个问题什么时候、在哪里会消失呢？我不知道这些问题被认为有多重要。

　　在刚才快速的观察中，我对许多小分区有印象，对总体没有什么印象。但那里还是存在一个"整体"的，我本应当多看看才是。我忽略了台伯提那在历史背景下的图像，以及其作为一个长期存在社会矛盾、公共与私人开发策略交替作用的区域而具有的特点。

　　距离台伯提那大街更远一些的地方（距离罗马中心 31 公里）是蒂沃利小城（Tivoli）和阿德利阿纳村庄（Villa Adriana）。了解这一点，本可以给我们提供一个线索，那就是台伯提那大街在长达几个世纪的时间里都起到连接城市和腹地的作用。

更直接的是，我没有将大型的低收入住宅开发的地点和日期，与更早期所谓的清除贫民窟政策和居民搬迁政策之间建立联系。如果我像计划的那样，从台伯提那大街更远的地方开始步行观察，那里的"二战"之后的低收入住宅项目肯定会引发我思考这样的问题——为什么它们选址在距离中心区这么远的地方？项目开发的时间应该是在法西斯政权时期，我本该将它与墨索里尼（Mussolini）的中心城市公共工程联系起来，这个工程包括拆除中世纪社区、迫使低收入人群搬到这些郊区。穷人被赶出欧洲城市中心已有很长一段历史了。战后早期的公共住宅开发选在这么偏远的地方只不过是这些政策的延续而已。

我也忽略了被持有的大片土地、穷人住宅的选址、公共改善工程与更靠近城市中心的商品投机住宅之间的关联。很显然，那些我观察过的大规模地块的业主控制了这个区域的开发。其中的一位就为城市提供了大量的土地以建设公共住宅，我在一些建筑和机构上都见到里尼（Gerini）这个名字，但我没有对其深究。台伯提那大街需要进行一些改善来适应新的居住要求，使附近那些原有居民拥有的物业变得更便利、更有价值。低收入人群再一次被迫搬离罗马中心区。随着台伯提那可达性的提高，从铁路边开始的这个区域在 20 世纪 70 年代变成了一个非常投机的区域。

另一个我没有意识到的现象是"滥建"。20 世纪 50 年代，居住建筑和工业建筑未经许可就建设起来，也不考虑当地开发的规范。我见到不少这类不规范开发的例子，但我不知道它是违法的，也没有意识到这种滥建的做法还在持续发生。因此我没能辨认出与三大类开发有关的线索，这三大类开发包括：远离市中心的为穷人修建的公共住宅、民众推动下的投机开发以及滥建。不可否认的是，我们的步行观察是从一个不太可能见到某些线索的地方开始的，而这也是有意义的。

20世纪60年代和70年代早期，罗马的公共规划师构思兴建一个新的大型办公商业中心，为这个综合区域的市民服务。计划包括在农田上建造新的居住区、清除和再开发旧区和滥建部分，以及建立一个沿河的公园系统来分隔住宅区和工业区。但是其中的大部分计划都没实施。我没意识到新旧开发的混合是较近期的、有意进行的计划的一部分，这个计划意在将那些原来非法的工程合法化，增加所需的公共设施、公园、街道以及服务设施，还修建新的公共住宅。这里有目的地通过政策形成区域内的不同收入阶层的混合，降低高密度居住区里的人口密度，以便能提供更好的服务。

我为什么忽略了这么多信息？这里有很多建设性的解释，但与观察的地理尺度的转变没有一点关系。一个总体的印象，并不总是将许多细小的、可观察的碎片拼凑起来就能获得的。窗户防盗网、近期的维护和翻新、将阳台扩充作为居住空间的公寓、树木以及商店里物品的价格，也许能描绘出某个区域的动态变化，但如果要获得更大的视域，则要考虑一个更大范围内的各种布局模式，通过与不同地方的其他类型住宅比较来研究低收入住宅在一个地方的集中现象。意识到尺度的不同非常重要，要观察大尺度，也要观察小尺度。在这个案例里，我并没有意识到用来分析的合理尺度已经发生变化了。

总有一些因素是一个观察者看不到的。在台伯提那的例子里，标志着早期公共政策和实施的早期低收入人群住宅房地产恰恰位于我观察的起点之外。有助于观察者理解的物质线索在距离上可以是很远的，即使实地调研20次，能发现线索的希望也是渺茫的。如果公共政策——如一项新的商务商业中心或公园项目、或拆除滥建的计划——还没有执行，那就没有线索。

最开始我曾说过，案例分析并不是实地调研在实践中如何应用的真实反映。台伯提那的案例提醒我们反复观察的重要性，与其他研究方法相结合的同时，需要长时间、来来回回地观察。台伯提那的案例强调了将所见现象与社会经济、政策历史背景联系起来的重要性。一位了解国家政治历史的观察者可能对有些现象更有洞察力，而一位常识较少的观察者则可能忽略这些现象。一位外来者会看到一些新的事情，做出一些新的联想，而这些可能会逃过当地观察者的眼睛，然而外来者无法了解当地的社会政治历史，以及在其文化背景下衍生出的重要人物。

观察不是测试，它的目的不仅仅是得出结论，而在于提出问题。在台伯提那的案例中，我没有提出足够多的问题，至少没有有意识地去提问，可能因为我试图在相对短的时间里看得更多，尽量看到全部。我只是匆忙地观察，而没有持续地针对我见到的进行提问，并且将观察到的环境特点与我对其他城市的了解关联起来。如果说台伯提那案例的研究是失败的，那么它的失败就在于没有以足够多的问题来结束这个研究。

了解多一点：博洛尼亚（Bologna）

我不熟悉博洛尼亚，就像泰斯塔乔和台伯提那一样，但当我观察博洛尼亚时，我已经在意大利待了八个星期了。[4] 正是那段时间帮助我理解了在意大利的城市中应该探寻些什么。而且我也从罗马的两个案例中学到了不少知识。

我走进博洛尼亚名为马齐尼（Mazzini）的区域，它比泰斯塔乔大，比台伯提那小很多。它远离市中心，坐巴士大约需要 20 分钟才能到达。马齐尼区跨越两

4. 意大利的第四个案例研究是在米兰展开的，与博洛尼亚的研究差不多在同一时间进行。在米兰进行观察的区域虽然面积大一些，但其历史发展、物质环境线索，以及引导目前发展的公共政策等方面，与博洛尼亚的观察区域十分类似。由于这种相似性，我在此处只集中讨论对博洛尼亚的观察，而有些关于米兰的题外话只是为了进一步阐明问题（一个博洛尼亚人可能并不欣赏"题外话"这个词用于这样的上下文）。

条从城市中心区延伸过来的主干道，与台伯提那大街两侧的两三个较大的私人住宅区相似。那里既有旧一点的建筑，也有最近修建的建筑，大部分是住宅，商业中心和一些较小的工业建筑则混杂其中。

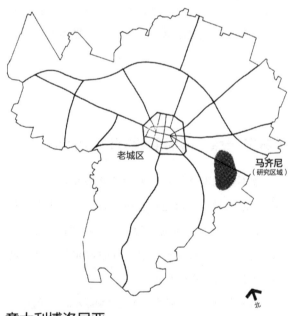

试想我们只是刚到达博洛尼亚，准备花些时间观察一个未知的区域。博洛尼亚位于工业化程度高、生产力发达的意大利北部，据说那里的人们生活水准高，那儿的食品被认为是意大利所能找到的最好的。我们知道在过去大约 36 年里，博洛尼亚的民众是支持共产党统治的，但我们不知道这个因素将如何影响我们的所见。我们知道这里的城市政策将人口控制在 60 万左右，大概是为了避免蔓延，并在居民不搬迁的前提下保护和修复旧建筑。在城市中心进行的建筑修复工作非常细致地呈现原有设计，据说修复费用相当昂贵。

老城区

马齐尼
（研究区域）

北

意大利博洛尼亚

0   1   2   3 英里

比例尺

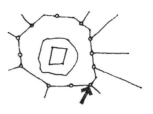

我们在德利·奥托拉尼大街（Via Degli Ortolani）
与托里诺大街（Via Torino）的交会处开始步行观
察，这里距离城市的中心广场 2 英里多。这是 5 月
一个温暖的下午，3 点左右，雨一直在下着。在前
往步行起点的路上，我们见到城墙和城门，地图
上标明这里是波尔塔·圣斯特凡诺（Porta Santo
Stefano）。我们推测这些城墙是三圈围墙的最外一
圈；道路的布局显示这里可能曾经有另外两圈城
墙。地图上别的信息吸引了我们的注意。从地图上
我们看到，其他道路和线性空间均匀分布形成的格
网形态至少覆盖了城市的东部地区。伊米莉亚大街
（Via Emilia）、德利·奥托拉尼大街、波大街（Via
Po）以及亚诺大街（Via Arno）是我们将要行走的
区域中格网的一部分。这个格网是城市早期规划的
一部分吗？它看起来与我们见到的其他任何部分都
没有关联。

沿着托里诺大街往南走，我们见到大型的住宅
街区，像是过去十年间陆续修建起来的。在美国，
像这样的住宅可能是由公共财政补贴修建的。收尾
的材料品质不是特别高，场地的维护也有待改善。
建筑从街道退缩，面向交通通道，设有大型停车场。
建筑之间的间距较宽。

弗朗西斯科·卡瓦左尼大街（Via Francesco Cava-
zzoni）南侧、托里诺大街的延伸区域的建筑比较老，
那里的树木也是如此。这里的建筑较小一些，而且
距离街道较近；建筑材料的质量和做工完成度看起
来比较好；建筑的布局更紧凑，紧靠在一起。这里
与其说是街道，还不如说是一个街块。街角的建筑
里有两三家商店。

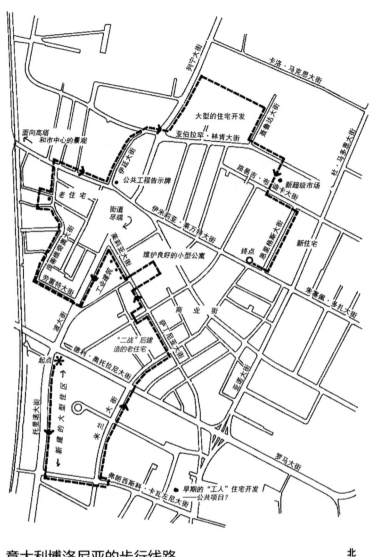

意大利博洛尼亚的步行线路

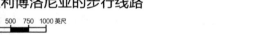

北 ↑

0　250　500　750　1000 英尺

比例尺

在卡瓦左尼大街北侧的一栋大型建筑里，有些单元已经把阳台改造为室内空间，以扩大居住空间的面积。这些改造可能说明这些单元是私人所有的公寓。这栋建筑的设计比第一组建筑更复杂。沿着卡瓦左尼大街继续往前走，这里的景观很明显比北边的更久远一些。卡瓦左尼大街的南侧有一条购物带。有一些十几岁的孩子在室外桌子上玩牌。

　　沿着米兰大街（Via Milano）往北走，我们见到
一些住宅开发项目，建筑大小各异，占地面积各不相
同。你能感觉到不同的建筑师在是否将建筑朝向街道
这个问题上存在一些争议和不确定性。位于米兰大街
东侧的一些三层建筑是崭新的。在卡拉布利亚大街
（Via Calabria）穿过奥托拉尼大街，是旧一点的、小
型的独立公寓街区，这个街区的占地面积比我们之前
见到的街区更大。这些建筑是"二战"之后建造的。

　　这里的街道系统的形态是呈网格状的，然而这
个网格并不平行于我们在地图上所见到的那四条围
合这个网格的街道。为什么？有些住宅单元已经增加
了遮挡风雨的窗子，有些建筑已经被重新粉刷过。这
些房子看起来似乎都是在 20 世纪 50 年代建造的，不
同的色彩和细节暗示着这些单元都是私人所有。房屋
都维护得很好。这里的路边停车位比奥托拉尼大街以
南的地区少。在某处，有树木立在大街的中央，说
明居民非常重视这些树木，以至于当街道拓宽时坚持
将它们保留了下来。街道上的缝隙显示出原先路缘石
的位置。新种植的树木替代了那些已经砍掉的老树。
这里的街道上能见到比我们之前见到的更多的人。

和博洛尼亚比较老的街区一样，沿着萨丁尼亚大街（Via Sardegna）的建筑有柱廊，尽管这些建筑看起来是在战后修建起来的。商店售卖的都是实用的货品，没有时尚的陈设，没有最潮流的东西，更像是米兰某个区域的货仓式商店。在美国，这种商店是与中低收入区域关联在一起的。我们见到的大多数商店都比较小。它们的规模足以带来合理的收入吗？这里有各种年龄的人。几乎每个酒吧都有较年长的男人在玩牌。贝卢诺广场（Piazza Belluno）周边的住宅都更大、更新一些。

沿着弗留利－威尼斯·茱莉亚大街（Via Friuli-Venezia Giulia）一侧，三栋建于"二战"后的小型工业建筑排成一列，里面有一家宝马（BMW）汽车商店、一家标致（Peugeot）汽车商店和一两家小型公司。它们为什么在这里？街道尽头的最后一栋建筑，有一部分高出其余有公寓的部分。这栋建筑不像其他建筑维护得那么好。也许在同一栋建筑里工作和生活的想法，实现得并不是很好。

从弗留利－威尼斯·茱莉亚大街转入更窄小的侧街，那里有一些公寓，尽管不太新，但维护得很好，刚粉刷过，还换了新的窗户、门和部分新阳台。

波大街（Via Po）看起来原本是要作为主街的，并且已经进行了一些建设项目，但它被一栋建筑挡住，突然就中断了。这条街道在建筑的另一侧会继续延伸下去吗？石阶从波大街通向劳雷特大街（Via Laureti）——一条优美的尽端式街道。这里许多的住宅是"二战"前建的，但已经被修缮过了。不同规模、尺度、样

式和修建年份的建筑混杂在一起。由于街道紧邻一条铁路线，即使到了 20 世纪 50 年代这么晚的时候，这里也不太可能被认为是一个理想的地点。铁路是什么时候实现电气化，随之尘土和噪声都减少了呢？这对于邻近的物业产生了什么影响？沿铁路线更旧的工业建筑可能与我们在弗留利－威尼斯·茱莉亚大街上见到的那些工业建筑有关。

在庞蒂维奇奥大街（Via Pontevecchio）区域，有一栋住宅看起来是在 19 世纪末 20 世纪初修建的，但房子的状况不错。这里的街道更窄一些，也更不规则；部分地方最近刚刚重新铺装过。这里有一栋住宅相当新。新的房屋都用为数不多的几种颜色粉刷过——赭色、橙色、土黄色——这些颜色我们在城市里随处可见。许多写着"私家通道（Strada Privata）"的牌子是什么意思？有些较老的建筑规模很大，说明最早的房主相当富有。

迄今为止，我们一直感受到政府对这个区域强有力的参与和介入，例如托里诺大街上的住宅、老建筑的集中修葺、建筑颜色统一翻新。但我们不知道政府参与的程度有多大、方式有哪些。

我们在街道上见到的人看起来像工厂的工人，肯定不是那些在办公室工作的职员。他们穿着"工作服"，而不是夹克或时髦的衣着。现在是下午 5 点 20 分，所以也许办公室的职员都还没有下班回家。

伊米莉亚·莱万特大街（Via Emilia Levante）看起来像一条更古老的主街。根据地图所示，它就是一条放射状的主路，从一个曾经存在过的城门延伸出去。它通向哪里呢？在米兰，我们曾

断定当地一条类似的道路是旧时的放射状道路，它从科摩（Como）或瓦雷泽（Varese）通往城墙或城门。向小镇那边望去，我们能见到一个非常高、非常老的塔。

沿着伊米莉亚大街，商店呈现比较高的品位，服装很时尚，而且被雅致地展现出来，家具是当代风格的。街上交通繁忙。

一块告示牌上写道，市政府正在翻新一栋旧别墅，将其转变为公共建筑。告示牌还提供了这个项目重要的财务信息。在林肯大街（Via Lincoln）和列宁大街（Via Lenin）围合区域的空地上有一片面积非常大的新住宅区。这些是公共住宅、私人住宅还是两者混集在一起的？如果是由一个私人开发商来修建的话，估计不会以"列宁"来命名街道。其他街道名还有阿连德大街（Via Allende）、马克思大街（Via Marx）。

这里的人似乎穿着更为时尚。一位妈妈和她年轻的儿子，衣着的颜色和风格搭配协调。十几岁的年轻人成群地聚集在一起，比我们在其他地方看到的类似情形要多得多。对于这里的老人和青年人，偶然相遇并且相互交谈有多么容易？大面积的开放空间和不通向街道的建筑入口让我们提出了上面的问题。也许这只是因为我们在观察时的视角是有选择性的。对于这个项目，开车观察比步行观察容易得多。

一个私有的住宅项目（根据标识牌上的"公寓"推测）具有一定的公共用途——有一所幼儿园、一所学校和其他社会机构。在这里公共与私有之间的差别是什么？在这个区域我们并没有看到什么商店。我们设想这类住宅区会有一个美国模式的购物中心，并配有一个停车场。果然，当我们转过街角，就见到超级市场（Supermercato）。在走向购物中心的路上，我们意识到自己第一次迷失方向了，我们不知道前进的方向与主街以及中心区的关系。

在超级市场的停车场里，大多数的停车位上停着车。以美国标准来看，这个封闭式的购物中心规模较小，在下午 6 点 10 分也不算很拥挤。商场里的商品质量看起来比萨丁尼亚大街（Via Sardengna）上的更好，但并不是很高档。

当我们走向伊米莉亚大街时，我们见到一些新的建筑，空气里弥漫着新混凝土的味道。新居民会是从哪里来的？大多数汽车比较小，大多数车牌显示它们是博洛尼亚地区的。

当我们到达伊米莉亚大街时，又开始下雨了。我们坐上巴士，去往还有 18 分钟车程的城市中心区。有趣的是，在晚上这个时间点，越往中心区去，巴士变得越拥挤；而在美国不是这样的。

总结一下我们观察到的现象，似乎可以合理地得出这样的结论：伊米莉亚大街穿越区域的中心，相当长时间以来都是城市的主干道。它通往中心的老城门，可能曾是为城市市场运送食物和物资的通路。一条铁路干线与伊米莉亚大街平行。我们还没有弄明白在开始步行观察时所发现的街道网格的意义，但我们不禁认为它反映了早期的一些规划工作。

从建筑的年代可以判断，"二战"之前这个区域的建设非常少。土地被那些拥有大面积土地的农场主以及少数拥有乡间别墅的人所有。在铁路附近也有一些工业区的开发。"二战"之后，萨丁尼亚大街开始有了住宅，它们更靠近铁路。看起来这个区域的公共规划和行动纲领有很长的历史，可能与"拯救"城市中心有关，但我们对于这两者的关联并不十分确定。

以波大街、伊米莉亚大街、亚诺大街以及奥托拉尼大街为界的这个区域，很可能是战后首先有公共参与开发的一个区域。这个区域街道的规整、萨丁尼亚大街的柱廊、以及大面积的私人和公共的维护，都说明公共角色以某种形式在发挥作用——它是直接的政府行动、规范、强制行为还是别的什么？

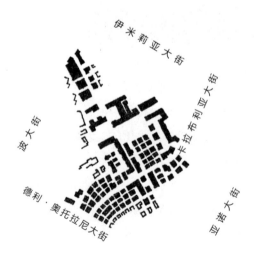

这个相对较老的核心区的北端和南端（这次行走路线的起点和终点）的开发规模大得多，看起来似乎城市规划师们决心要投入更多精力，更快地达到整个城市的住宅和人口目标。在这个过程中，公共的角色似乎与美国重建计划类似，政府征用土地，然后将其中一些卖给私人开发商，他们根据规划进行设计和建造，并将其中一些直接开发为公共使用，包括社会福利住房。我们推测，这是因为政府的角色在共产主义式的城市管理中比在美国显得更为重要。

用事实检验推测

实地调研一结束，我就马上与一位博洛尼亚的城市规划师、前政府官员朱塞佩·坎波斯·万纽提（Giuseppe Campos Venuti）进行了会面。多年以来，他曾直接参与了该市的规划和发展，包括我们观察过的区域。

伊米莉亚大街的确很古老，有 2000 余年的历史，是跨越亚平宁地区（Apennines）的古罗马道路的一部分，也是这个区域内连接罗马城镇的军事要道。它甚至早于古罗马时代就已经存在了。

我们发现的街道网格也可以追溯到古罗马时代。罗马人把土地划分成网格，称之为"百户区"（centuriatio），所有的道路平行或垂直于伊米莉亚大街。与当地女子通婚并同意照管土地的那些罗马士兵，会获得一整块或一部分方块土地，从而将新征服的土地掌控在罗马人手中。尽管经年累月，网格的大部分已经被破坏了，但有些还是作为产权分割线而保留下来，灌溉的水渠、街道和雨水管道都是分割线的标记。所以旧日痕迹保留下来了。这里曾经只有两组城墙，而非三组；原来的古罗马时代的城墙已经完全被毁了。铁路建于 19 世纪末期，与伊米莉亚大街平行也是为了形成同样的连接作用。

我们对于"二战"后发展的观察基本准确。正如我们所想的那样，发展是快速的，而且有些地方（靠近铁路的区域）的发展是杂乱无章的。奥托拉尼大街和伊米莉亚大街之间的中心区域的

5. 在米兰，存在的问题也是一样的：新的运输公司在一个区域里高度集中，这一现象并未被看到，因为主要的卡车终点站恰好在观察研究的区域以外。

6. 首先是私人建筑，接下来是公共发展项目，这种时间顺序与20世纪60年代旧金山的钻石高地（Diamond Heights）再开发项目类似，它曾成功地实现了这个区域的经济和种族的融合。

大部分在 1960 年前就已经修建了，但在建设过程中，很少或没有直接的公共力量参与其中。直至 1960 年前，规划的理念都是将公共的、社会福利住宅布局在城镇东边郊区的一个大面积集中开发区域，位于我们观察区域再远一点的地方（在台伯提那也遇到同样的问题）。[5] 欧洲旧的传统是把低收入阶层的住宅布局在城市的边缘地带。"二战"之后，流行的做法是推倒和重建老的城市中心的大部分区域，这与当时美国所推行的项目不同。1960 年，左翼政党彻底地修改了政策，城市规划和开发成为新领导者的基本关注点。其中一个主要目标就是在整个城市范围内实现不同收入和不同职业的人群混居，以避免城市根据阶层而分割成不同区域。工薪阶层的人群可以居住在所有区域，而不再被隔离到郊区。在我们观察的区域，由于它的中心已经建设起来，规划将为工薪阶层保留伊米莉亚大街以北和奥托拉尼大街以南的区域。因此正如我们观察到的那样，奥托拉尼大街和卡瓦左尼大街之间的区域建设了公共住宅，首先开发的卡瓦左尼大街以南的土地是私人开发的。[6] 公共区域中没有进行景观美化的区域只是目前尚未完工，导致那里的状况有些凌乱。这里的私人住宅比公共住宅的密度更高，可能是鼓励私人开发商的策略。市政府只买下了用来建造公共住宅和服务设施的土地。

米兰的政策是类似的。我曾对台伯提那的情况理解错误，这使我加强了对米兰的视觉探究。我也意识到新的公共服务——学校、运动设施、某些住宅——可能是某项规划策略的一部分，用以促进较老的和较新的居民以及不同收入人群的混居。对那里滥建区域的街道改善措施也是经济社会整合策略的一部分，与台伯提那和博洛尼亚的情况一样。

在博洛尼亚，伊米莉亚大街以北的区域是一个公共建筑和私人建筑混合的区域——更大区域范围内的两个"岛状"的用地，是根据公共规范和控制进行保留并作为私人开发项目的。私人和公共建设是同时进行的。显然，我们有关这个区域对老人而言是否宜居的担心是多余的，他们对于新环境表示很满意。在一天内的某个时间或周末，我们在新的区域可能会见到更多的人。这个区域居住的新居民大多数来自博洛尼亚地区。我们有关中心区域的观察结论，即那里大部分居民是工薪阶级，这一点是对的。

在我们步行经过的中心区域，城市政策已经通过将奥托拉尼大街和伊米莉亚大街之间区域的状况改善提升至新开发区域的标准，来平衡人们之间的差异。住宅的密度被降低，增加了服务设施，新项目的数量被严格限制。由于一项最新的城市法律不鼓励拆除老建筑，居民由此感觉到他们拥有或居住的房子有价值，所以这里出现大量私人修缮工程。那些住在城市郊区、为工薪阶层所建的 50 年楼龄的朴素的房子里的居民，如今被更现代的建筑、新的住宅和服务设施所环绕。结果，他们可能越发感觉到自己是社区不可或缺的一部分。

7.在米兰，我没意识到，1923年
这个城市已经吞并了Affori
（一个独立的社会主义聚
居地，其历史可追溯到中世
纪），这是为了去除它的政
治基础。由于政治原因而设立
的有形边界很重要，尤其在那
些本身就是重要发展策略的一
部分的地方。

当地的专家告诉我，小面积的工业区和工厂是
一个试验，意在对居住和工作混合在同一区域进行测
试，这与我们所猜测的一样。工业没有使用铁路但选
址在那里，是因为土地价格便宜。在自发阶段进行建
设的房屋业主后来被要求支付2/3的街道、人行道以
及其他相关设施的费用，所以他们就插上了"私家通
道"（Strada Privata）的标志牌。私人开发商一开
始是抵制建设购物中心的计划的，所以市政府鼓励
合作企业进行建设，他们在经济上取得很好的收益。

总之，实地观察和分析的准确率相当高，自然
是因为对这个国家建立起的熟悉度以及较早的一些
案例得来的经验。当然，错误和误判还是存在的。
在美国，那些可能暗示某些问题的线索（例如未完
成的道路改善工程）在博洛尼亚只是意味着政府正
等待时机来收购占道的一栋房屋。与地理位置相关
联的意大利的城市政治史在很大程度上并未引起我
的注意。[7] 尽管如此，一个主要城市的边缘地带发展
史并不会与同一区域的其他地方的历史相差太多。
近来的任一时期，不同城市的政治、规划以及开发
策略都相当类似，因为规划师应对的是类似的经济、
社会和政治的力量，并且他们相互沟通、相互学习。

从未知中学习

很明显，在不同文化背景之下，城市环境中某
些可观察到的物质线索具有的意义都是相同的。其
中有些线索比其他线索似乎更普遍、更有用。很多
个世纪以来，门窗的闩和铁格栅都是用来应对治安
问题的；在任何文化中，建筑的某些特征都揭示了
居民的相对的财富和地位；居民的某些特征——性

别、年龄，有时候是衣着——有着类似的含义，无论他们身在哪里；名字牌、门铃、告示牌、建筑上显示的建造日期、建筑的层数、单元的规模都是有用的线索；其他线索也都是可以普遍地适用的，例如与富裕程度、建筑风格的多样性有关的地理高度，与日照有关的住宅选址；街道和建筑布局以及不同土地利用的紧邻程度，能够反映统一规划的程度；对意大利的若干研究说明，商店里售卖的商品类型能显示居民的收入和就业状况。

但是我的意图不是去回顾单一线索应用的普遍性。问题不在于一个线索是否在所有地方都有相同的意义，而在于在其所处背景下，它是否有意义。这是超越了文化的差异来看待和使用线索的方式。我们在线索之间寻找联系。在泰斯塔乔，建筑的规模（小）、在城市中的位置（低洼的、在河湾之处）、周边的工业建筑（前身是一个屠宰场），这些因素全部合并在一起，能说明这是一个低收入区域。人们的衣着和当地商店里的商品有助于进一步肯定我对泰斯塔乔的印象，与对博洛尼亚社区的分析一样。

在意大利，就像在美国一样，线索的各种模式以及它们相对较新这些特点比线索本身更为重要：在泰斯塔乔，一个区域有新的窗户百叶或建筑刚被粉刷过；在小地块上、在狭窄但规则的街道上，是许多有着细微设计差别的、小型单户住宅的模式，这说明了米兰的滥建现象；在台伯提那和博洛尼亚，有大片新的公共和私人建设，有公共政策引导的迹象。

最后，观察的方式和提问的方式都很重要。我们问的那些问题与我们在一个熟悉环境中会提出的问题是一样的。那些问题必须关注我们观察到的事物，分辨与已知的城市发展进程有关的模式，探究寻问事物为什么这样发展，评估变化的数量和速度，考虑是否遗漏了什么，想想住在这个区域是怎样的感受，思考一下我们所观察到的是否反映了更大城市发展背景下的什么问题。

正如意大利的研究所示，主要的问题在于观察者无法总是了解异域文化的历史背景，要么是对其概况不了解，要么是不了解与特定城市区域相关的历史背景。这些对意大利的观察显示，观察环境、了解与其有关的经济—政治时期是非常重要的。

另外，理解空间和建筑规范及标准在不同文化、不同时期很可能差异巨大，这一点非常重要。在台伯提那，我推测有公共资助的房屋的空间标准低于美国的标准，而居住其中的家庭规模仍然非常大。后来我了解到，在20世纪80年代早期，意大利有公共资助的房屋的空间标准比美国的要高得多，那些城市的家庭规模正如国家的整体家庭规模一样，已经急速下滑了。所以在台伯提那对居住单元的规模进行测量以便更好地了解它，本来不是一件难事。

尽管在意大利的观察存在错误，但是能让人意识到通过观察能多么快地加深了解，这一点是非常鼓舞人心的。就如我曾说的，对台伯提那的错误分析和某些遗漏，有助于我辨识它的历史、发展模式、公共规划策略的一些信息，甚至辨识博洛尼亚和米兰详细的规划设计。一旦我了解了"二战"前法西斯统治下的发展策略以及战后政府的发展策略，就能理解博洛尼亚和米兰的某些模式。当那些政策被解释清楚，就能辨识出其滥建的现象。了解罗马当下的一些策略，有助于我们在其他地方辨识出类似的政策，这些策略包括有意识地将不同收入的人群混集在一起、将公共设施和服务集中在它们能作为整合力量的地方。

这些实验性的案例研究有意想不到的收获。想想发生了什么：作为一个外来者，你花了一些时间走过城市的某个地方，然后就能对当地的官员——一个可能在这里已经居住了多年的人说出这里的历史、人群以及可能存在的问题。即便你的观察和结论都是准确的，但你肯定还是会遗漏不少信息。而这位熟知这里的一切的本地专家，会很热心地告诉你很多信息，不仅告诉你哪里对了或哪里错了，还会告诉你漏掉了什么，包括大量当地的政治历史。你的分析可能会引来海量的信息，特别是因为你的假设和结论是当地专家感兴趣的。你告诉专家自己眼中的他（或她）的城市，他们会感到很惊奇、很有意思，并会很快地分享各种各样的不可能现成就得来的信息。在这样的背景下学习和教授是一种愉快的体验。没有失败，这就是意大利的案例分析情况。这是让人愉快又快速地了解一座城市的方法！

第7章

第7章

回
顾

正像父母经常对自己的孩子说的那样，"它就在你面前，用你的眼睛仔细看"。我们捕捉到信息——或者没能获取信息——都是在城市环境中通过观察来实现的。我们按照那些信息，去维护、改变或者新建不同的场所，用看似合适的方式回应城市的问题和机遇。

这本书倡导的是，我们应该利用好自己的所见所闻，通过我们在城市环境中观察到的现象去了解更多信息；更加有意识地、有规律地将观察作为一种分析和决策的工具；使用我们所了解的信息去促进人与人之间、人与土地之间的和谐共存。假如有意识的、系统的观察，较之偶然的视觉体验，仅仅是有助于避免做出不合适的决策和行为而对人们生活产生影响的话，那它确实是有效的。但实际上它能起的作用要大得多。

我想简要地总结一些关于观察的比较有意义的发现，并提出一些额外的想法，去帮助有兴趣的城市居民行动起来、着手开始观察。去观察和了解一个城市，没有什么方式比得过步行。步行比其他任何一种交通出行方式更能够让观察者来控制观察的速度。与开车或骑自行车相比，步行中的观察者的注意力受到更少的干扰。它还让观察者有可能进入原本不能到达的地方。最重要的是，行走能使观察者更充分地融入环境，刻意控制的步速允许你将所观察到的与储存在你脑海中的知识和经验整合起来。我也认为步行能促进回忆。

的确，最重要的问题是观察者在不熟悉的环境中感觉像个入侵者，所以觉得不舒服。由于存在这样的感受，观察者可能对事物有了不同的看法，观察时可能会太匆忙，也可能会得出一些反映不适感的结论。女性会成为公然观察、言语冲突、有时甚至是身体侵犯的目标，作为步行的观察者时，她们会更容易有不适感，这个问题仍有待克服。简短地、简洁地解释你正在做什么，可以恰如其分地回答"你是谁？你在这里做什么"之类的问题，即便当你被人用带有敌意的方式询问时也是如此。一旦人们了解观察者正在做的事情，他们往往很乐意谈论或展示他们的社区。

对于某些观察的目的和特定的尺度而言，步行可能就不合适了。坐直升机进行观察是一个好方法，能快速发现哪里有新的大规模开发正在进行或未来即将发生。我们在凤凰城（Phoenix）上空的一次飞行，所看到的景象就能清楚显示所有现有耕地上的开发势在必行，可能还能看到其他更多的信息，如果有人想这样做的话。唐纳德•阿普尔亚德（Donald Appleyard）和凯文•林奇（Kevin Lynch）花了一个下午的时间，坐着直升机巡视了整个圣地亚哥大都市圈，由此获得的信息成为他们后续工作的重要部分。[1]

低密度的郊区被设计得便于车行，而不是便于步行，所以适合开车观察。在汽车里进行的观察也有它的作用，尤其对于需要获得有关开发性质以及居民收入状况的总体印象时。但我经常建议在某些节点下车走走，即使只有十分钟，你便开始体验这个区域的不同之处了。

巴士和其他公共交通工具、自行车、船对于特定的观察目的都是合适的。当不可能步行或者不适合步行的时候，你应该寻找与观察速度、观察距离一致的线索。例如在汽车或直升机里，你就不要去尝试观察或分辨细节，应该去看大面积区域的客观外部特征，而不是它们内在的动态变化。

不要一边观察、一边拍照。拍照片会打断正进行的观察，以及对所见进行的思考和提问。因为拍照的人需要考虑对焦、光圈、构图、光线、阴影，以及照片的视觉效果。稍后再回来拍照就可以了。

然而，速写是有助于观察的，它使你观察的时候更细心。当进行速写时，你会思考自己看到了什

1. Kevin Lynch and Donald Appleyard, *Temporary Paradise? A Look at the Special Landscape of the San Diego Region* (Massachusetts Institute of Technology, 1974).

么，这些元素是如何分布、相互匹配的。速写有助于测量，这一点我已经提过，在比较和理解小与大、好与坏、多与少的含义时候非常重要。绘画技法并不重要，因为最后成果不会向任何人展示。

如果可能的话，在一个区域繁忙的时间段去那里走走。见到更多的人意味着见到更多的线索，并且能看看人们如何使用他们的城市，什么对于他们是重要的、什么是没那么重要的。与此同时，观察者必须意识到这个时间段就是社区最有活力的时段，应该尝试想象一下在其他的时段这里会是怎样的景象。一个地区在夏季和冬季、晴天和雨天、白天和夜间可能会呈现非常不同的特征。理解这些差异是重复和延长观察之外最好的收获。

对于一次步行来说，并没有所谓的最佳路径，也没有开始或结束的最佳位置。假如有最佳路线，那一定是沿着若干不同的、交叠的道路，包括通往建筑背后的那些路，例如小巷子和服务性通道。有时建筑背后的部分比前面的部分能透露更多有关保养维护、环境条件以及空间使用的状况。人们总是惊讶于在许多人口密集的东部城市和旧金山的住宅后院是何其宽敞。

在进行观察和解读的过程中，两个人似乎比一个人好。两个人能相互提问，提出和挑战更多的假设，对于情况能有更多的了解。两个人一起也许是解决女性观察者独自一人在某些区域会遇到安全问题的一种办法。如果说两个或更多的观察者一起有什么缺点的话，那就是在口述所见所想时会花费更多的时间，这种时候观察者也会对环境注意得少一些。

当我进行观察时，我会与那些跟我友好对话的人，或者在眼神交流和点头或微笑之后似乎愿意交谈的人进行交谈。正好有空的消防队队员、零售店店主、房地产经纪人和图书管理员都比较了解他们的社区；街上来来往往的人那么多，我也可以跟他们交谈。观察者运用他所能获得的所有信息去了解某一个社区，并为它进行规划，而当地居民是一个非常好的信息来源。

切记观察不是一种测试。没有人强迫观察者一定要得出结论，除了他自己。不要尝试一次走太多区域，因为人在疲劳的时候，能看到的就会少一些。

单一的线索不能回答下面这些问题，如地区历史发展和演进、现状以及存在的问题或可能暴露的问题。当线索组合在一起时，才更有意义，但即使那样，它们的含义也是"不确定"多于肯定的。这种不确定性并不一定就是一个问题，在运用其他研究和分析方法的情况下，也会是如此。不肯定性会引出有关这个区域若干不同的假设，如果它们足够重要，还可以对它们进行测试。观察结果的不确定性并不是一个问题，反而会使得观察的区域更加真实、生动、逼真。

观察者看事物的方式不同，即便是看不同线索的时候也是如此。但如果就某个区域而言，许多不同的线索都指向类似的结论，这也不足为奇。一连串自行车、篮球筐、提醒司机小心驾驶的警示标识——在一个有十年楼龄的三居室住宅的社区里看到的所有这些事物，会引导观察者得出这样的结论：这里有很多学龄儿童，而且这些家庭有特定的生活方式，甚至有些问题将会伴随这种人口群体而产生。但如果观察者没有看到以上这些线索，却见到这里有一所许多学生就读的社区学校，也能得出相同的结论。在对内格立公园区域进行的一次后续观察中，两个相对没有太多经验的观察者得出的结论与第 2 章中所阐述的结论惊人地一致，尽管他们的步行路线和他们的线索都是不同的。重点是，你不需要担心没观察到所谓的"对的东西"——可能根本不存在对的东西。那里还有大量可观察的东西，有许多东西可以让观察者从中获取信息并形成假设。

你带入观察中的知识有助于缩小对于所观察事物的分析范围。那么什么样的知识最有用？一个具有文化价值的城市区域的社会和经济的历史很重要，观察对象的背景知识也非常重要。那么，重要的社会经济运动是在什么时候发生的？不同时期人们在这里的生活是怎样的？改革运动的时机是什么？福利概念和福利计划、政府的角色、科技以及政治运动、政治哲学是如何随时间而发生变化的？这样的知识在本地、区域和国家的层面上都同样重要。

城市规划师和其他从事城市保护和发展的人应该了解城市在物质形态上是如何形成和发展起来的。他们能够将这种知识与这种文化的社会经济历史关联起来。比如，你应该去了解有轨电车、铁路和高速路是如何形成城市发展架构的。

了解一些建筑风格和它们对应的历史是重要的。经验告诉我们，想要这些知识派得上用场，对于风格时期的判断就不需要特别精准，它们的年代离现在越远，风格的时间跨度就会越长：美国南北战争前（pre-Civil War）、19世纪末、19世纪末20世纪初、20世纪20年代、大萧条时期（the Depression）、"二战"前、20世纪50年代、20世纪60年代、20世纪60年代之后。对于不同风格的建筑修建于何时，大多数人所了解的比他们自己认为的要多。然而，由于没有经过专业的学习，他们所了解的知识还不足以让他们能持续地理解这些建筑风格透露出的城市信息。

同样的，对装饰陈设历史的了解也非常有用。对于这一点，我所指的是不同类型的路缘石、街灯、铺路材料、标识牌、窗帘、遮阳以及建造材料所流行的时期。这种知识更难习得，细节是如此之多，而且任何一种元素的演化少有记载、也不容易被发现。阅读旧的摄影杂志和工艺手册，以及在装饰陈设上找到的标注日期是有帮助的。可能与其他种类的线索相比，这类信息最好是向有经验的专业人士了解。一旦有人开始关注和思考某个细节的历史，例如在城市中所使用过的路缘石的不同种类，那么去发现更多的线索就会成为一种令人愉悦的消遣。

对于建造和维护有一点了解也很重要。建筑的现状和维护是了解问题和感知正在发生的变化的重要线索。非专业观察者往往不理解建筑的建造，以及怎么做才能维持建筑的良好状况。这是可以学习的，如果无法通过学术课程来学习，那么可以通过阅读有关建造和翻新方面的书籍和手册，或成为建造现场一位专注的旁观者，或干脆通过实际建造和维护一栋房屋来学习。[2]

几乎所有的这类知识都可以通过学习获得。有效的观察和判断不需要特殊的天赋，但这些是建立在所积累的所有知识基础上、持续有意识地对观察到的事物进行提问来实现的。

接下来的问题是，对于观察所获得的信息如何进行处理？在许多情况下，观察可能是唯一用得上的工具，可以告诉我们该做什么。一个团队、一位官员或一位潜在的客户，可能需要快速了解如何着手规划一个特定的区域。在制定最初的决策之前，可能时间只够参观一个场地。一个大城市的官员曾经告诉我，他们有很强的意向发展一个大型开发项目，他们很快就会对外公布。我对于他们的意向有什么想法呢？我在场地中花了两三个小时，提出了一些似乎显而易见的问题，例如人口和商业的转移安置、交通流线、他们有意发展的项目的潜在市场以及更多的问题。其中的一些问题是这些官员们并没有意识到的，至少他们都还没考虑过。因此他们决定在推进项目之前找出更多有关这个地区的问题。

观察通常会以很不显著的方式、伴随其他的研究手段一起持续地、反复地运用。今天，一批观察者意识到中心区的发展似乎正向附近的居住社区推进。而这个观察导致了后续的经济和人口的研究，这些又对公共政策和项目产生影响。明天，某些交通数据又引发进行实地调研的需求，去看看真实的状况如何。通常，当地居民对于某项问题的关注会

2. 许多城市印发小册子来帮助居民进行家居维修。See Rehab Right: *How to Rehabilitate Your Oakland House without Sacrificing Architectural Assets* (Oakland, Calif.: City of Oakland Planning Department, June 1978).

3. JACOBS A B. Making city planning work [M]. Chicago: American Society of Planning Officials, 1978: 88-89.

引发相关的研究，其中也包括观察。在任何情况下，实地观察都是伴随其他研究方法一起使用的。

如果对问题的认识是恰当的，尽早认识一个问题就能尽早采取行动，或者尽早为行动做准备。观察可能会减少需要面对的"突发状况"的概率。如果你通过观察发现，在一个繁华的中心区附近有一个大面积闲置的铁路场地很有可能成为开发的地点，那么你就可以为它做些准备了。旧金山中心区以南的区域是一个边缘经济功能的区域，为穷人和流动人口提供住宿。观察完这个区域之后，我就能向一个潜在的土地购买者建议，目前这里作为小型新办公建筑的选址并不合适。但是我也看到不少标示牌上写着中心区将很快向这个区域扩展，我就会向买家提出建议，基于价格和他所能持有空置地块的时间长度，这个地块很快就会拥有他所能想象的所有潜在价值。

观察也能促使规划师尽早采取直接的行动来应对问题和机遇。1968 年，在约翰逊（Johnson）执政华盛顿的末期，旧金山获得了一个意外的机会，接受了联邦资金为小型社区公园提供的资助。政府必须在 30 天之内推荐具体的地点，以便这些拨款能得到合理的使用。基于对旧金山城市的深入了解（大部分是通过观察获得的），少数几个职员几乎在一夜之间就提出了 100 多个备选场地，最后从中选出了 33 个。[3]

对于生活在城市中的大多数人来说，城市是政府管治的第一线。他们在生活和工作的地方体验着愉悦、问题和烦恼，也在这里提出他们的期望、说出他们的抱怨。城市是人们的家园，就如同我们常常将有限的私人空间称为"家"一样。城市是公共的家，是我们集体生存的焦点。

与其他任一管理层次相比，城市更是行动所在之处。无论是有计划的行动还是未经计划的行动，都会在一个有具体的人物、姓名和地点的背景下发生。任何一个关心城市肌理潜在变化的人都会将抽象的政策和计划与具体的经验关联起来。专业的规划师、积极热心的市民以及那些希望能更好地了解社会的人们，会观察和体验在城市这个层面他们能够做些什么。

我想，同样地，任何对于城市有意义的计划，包括小型的建筑项目，都应该从理解场地的特征开始，并且应该倡导尊重和改善社区现有的物质环境特征。任何计划都应该在这个框架内去回应重要的社会和经济问题。

在很大程度上，本书的主旨是让我们更加关注我们的社区，使我们能够更智慧地应对问题和机遇。本书也是关于如何辨识从观察的环境中获得的信息，并积极地运用获取的信息。它让人们关注一个被忽视的、但人人都拥有的而且并不昂贵的工具——我们的眼睛，这个工具可以很容易地与另一种工具——我们的大脑一起轻松地工作。带着这两样工具，我们只需要走进社区就可以了。

对我而言，人们希望通过应对物质的或社会经济学的问题来改变城市状况，或者那些怀着乌托邦理想的人会被城市的外部环境所迷惑并希望在此花费尽量多的时间，这些似乎都是合理的。但事实并非如此。我不太确定这是为什么，但人们似乎不会很直接地观察城市。可能是因为与那些更容易操作的统计数据相比，从环境中直接获得的信息看起来没那么安全和确定。也许人们只是不知道如何观察、如何获取信息（即便他们正在无意识地这样做）。我希望本书有助于解决这些问题，也已经展示出观察可以是富有创造性和充满乐趣的。观察新的现象，有发现、有惊喜、有共鸣，我们预测将要发生的变化，思考那是什么、曾经是什么以及所有这些是如何发生的，所有的景象满满地占据我们的视野，然后我们对所有这些景象进行仔细思考，最大程度地推动眼睛和大脑的关联，继而渴望再回到观察地点去发现更多的新现象——这是多么有趣的过程啊！

最后，观察、提问、尝试去理解的整个过程使一个人成为任何环境中更为密不可分、值得尊重的一部分，所以他可能会更加关爱环境。这是好的规划的基础，也是我们与环境实现双赢的行动的基石。